U0175064

太湖蓝藻水华卫星监测与气象影响评估技术

李亚春　杭　鑫　韩秀珍　等著

气象出版社
China Meteorological Press

内 容 简 介

本书介绍了基于国产风云气象卫星的蓝藻水华遥感监测新技术,综合利用卫星和气象观测资料,从蓝藻水华的面积、频次、强度等各个方面,详细分析了太湖蓝藻水华发生发展特点及时空分布规律,揭示了蓝藻水华的形成或大面积暴发与气温、光照、降水、风向、风速和相对湿度等气象要素的关系,建立了综合多气象因子的气象影响定量评估模型,客观评价了气象条件对蓝藻水华发生发展的影响。本书可为从事水环境相关研究和应用工作的气象、环境、生态和遥感等领域技术人员提供有益的参考和借鉴。

图书在版编目(C I P)数据

太湖蓝藻水华卫星监测与气象影响评估技术 / 李亚春等著. -- 北京 : 气象出版社, 2023.10
ISBN 978-7-5029-8089-4

Ⅰ. ①太… Ⅱ. ①李… Ⅲ. ①气象-影响-太湖-蓝藻纲-藻类水华-卫星监测 Ⅳ. ①Q949.22

中国国家版本馆CIP数据核字(2023)第212749号

太湖蓝藻水华卫星监测与气象影响评估技术
Taihu Lanzao Shuihua Weixing Jiance yu Qixiang Yingxiang Pinggu Jishu

出版发行:气象出版社

地　　址:北京市海淀区中关村南大街 46 号　　邮政编码:100081

电　　话:010-68407112(总编室)　 010-68408042(发行部)

网　　址:http://www.qxcbs.com　　**E - m a i l**:qxcbs@cma.gov.cn

责任编辑:邵　华　宋　祎　　　　　　终　审:张　斌

责任校对:张硕杰　　　　　　　　　　责任技编:赵相宁

封面设计:楠竹文化

印　　刷:北京建宏印刷有限公司

开　　本:787 mm×1092 mm　1/16　　印　　张:11.25

字　　数:283 千字

版　　次:2023 年 10 月第 1 版　　　　印　　次:2023 年 10 月第 1 次印刷

定　　价:88.00 元

序

　　人类逐水而居,文明因水而兴。地球表面约 71% 的面积被水覆盖,但人类可以利用的淡水资源极其有限,仅占全球水资源总量的 0.003%,淡水是地球的命脉。淡水生态系统不仅是人类资源的宝库,它们提供了人类必需的生态系统服务和产品,如水、食物、建筑材料以及控制洪水和侵蚀,而且是重要的环境因素,具有调节气候、净化污染及保护生物多样性等功能。然而,在人类活动和气候变化的共同影响下,地球淡水生态系统日趋退化,全球范围内很多湖泊、河流、水库、湿地等正面临着富营养化和蓝藻水华的威胁。

　　我国是一个多湖泊国家,也是全球湖泊环境问题较为突出的国家之一。随着近几十年来我国经济社会的快速发展,大量生活污水、工业废水和农药化肥排入江河湖库,水体中的氮、磷等营养物质明显增加,给水生生物提供了丰富的物质基础,浮游藻类大量增殖,生态系统结构破坏和功能退化,这就是水体富营养化现象。湖泊富营养化会引起水生态系统一系列异常的反应,通常表现为藻类以及其他生物的异常繁殖,水体透明度和溶解氧等变化导致水质变坏,影响湖泊供水、养殖、娱乐等社会服务功能。尽管经过近十多年的治理和修复,我国湖泊水体富营养化问题得到了明显遏制,重要湖泊的生态环境趋于好转,但我国大多数湖泊仍面临着富营养化问题,主要淡水湖太湖、巢湖和滇池等更是频频受到大面积蓝藻水华的侵扰,严重时甚至威胁到周边城市的饮用水安全。水环境治理和生态保护仍然是政府和社会各界共同关注的问题。

　　气象工作关系生命安全、生产发展、生活富裕、生态良好,在全面推进美丽中国建设,加快推进人与自然和谐共生的现代化新征程上,气象工作发挥了基础性科技保障作用。在水灾害防治、水资源保护、水环境治理、水生态修复和水安全保障等各个方面的工作,都离不开气象服务。尤其是在应对水资源短缺与保护、水灾害预警与防御等工作中,气象服务都发挥了先导作用。在水环境治理和水生态修复工作中,气象服务同样可以贡献智慧。在水环境、水生态监测方面,除了可以提供湖泊周边及水面气象观测数据外,还可以利用好国产风云气象卫星等观测数据,来监测蓝藻水华、叶绿素 a、悬浮物浓度和透明度等水质参数,进一步还能进行排污口污染源追溯监测、取水口水质污染状况监测等,实时、动态监测蓝藻水华的发生发展,为快速处置防控蓝藻水华提供关键信息;基于深入研究基础上,还可以建立蓝藻水华暴发的气象、水质和卫星观测等指标,发展蓝藻水华的气象预测模型,进行蓝藻水华的预测预警,为"早预警、早准备、早防范、早处置"提供参考,等等。可以说,在水环境治理和水生态修复保护中,我们气象科技工作者既责无旁贷,也大有可为。

　　该书作者及其团队以太湖为研究对象,紧紧围绕太湖水环境治理和蓝藻水华防控工作对气象服务的需求,针对业务服务中的关键技术问题持续开展技术攻关。历经十多年的研发与应用,在蓝藻水华卫星遥感监测、预警技术和气象影响定量评估技术研究等方面取得了一系列成果,主要包括:基于国产风云气象卫星(FY-3、FY-4)的太湖水质参数和蓝藻水华高精度反演技术、蓝藻水华覆盖度、强度等定量信息提取技术、气象影响定量评估技术等。这些主要的技术成果已经在书中呈现。此外,该书还详细分析了近二十年来太湖蓝藻水华发生发展特点及时空分布规律,揭示了蓝藻水华的形成和大面积暴发与气温、光照、降水、风向、风速和相对湿度等气象要素的关系,客观评价了气象条件对蓝藻水华发生发展的影响。这些成果也有助于科学认识和理解气象对蓝藻水华的作用机制,促进蓝藻水华形成的机理研究。书中涉及的许多内容对我国水环境治理气象服务工作具有启迪和示范作用,在风云气象卫星应用领域也具有创新意义。书中介绍的技术方法的针对性和实用性强,经过进一步的完善和本地化改进后,也适用于我国其他湖泊、河流和水库等,为水生态系统监测和水环境治理气象服务提供科技支撑。

在新一轮《太湖流域水环境综合治理总体方案》出台之际,我认为该书的出版适逢其时。这是作者多年水环境和蓝藻水华卫星监测技术和气象服务工作的系统总结,既有理论基础,又有实践经验,相信可以为气象、环境、生态和遥感等领域技术人员研究和应用提供有益的参考和借鉴。很高兴应作者的邀请,为本书作序,希望这本书的内容有助于促进湖泊水环境治理气象服务等相关问题的讨论。

翁富忠

2023 年 6 月 28 日

前　言

　　太湖是我国第三大淡水湖泊,位于苏、浙、沪交界核心区,流域总面积为 3.69 km²,其中太湖水域面积为 2338.1 km²,平均水深 1.9 m,湖岸线全长约 393.2 km。太湖流域是我国经济最发达的地区之一,流域内有上海市以及杭州、无锡、苏州、常州、嘉兴、湖州等大中城市,经济社会发展在全国位居前列。20 世纪 80 年代以来,随着工业化、城镇化的快速发展,大量生活污水、工业废水和农药化肥排入湖中,水体中的氮、磷等营养物质明显增加,浮游藻类大量增殖,水体持续呈现富营养化状态,湖泊生态系统结构遭到破坏,功能有所退化。尤其是在 2007年,在富营养化及气候变暖等因素共同影响下,太湖暴发了大规模的蓝藻水华,导致周边部分城市供水危机,严重影响了当地群众正常生活,引发全社会广泛关注。党中央、国务院高度重视,作出了一系列加强太湖流域水环境治理的决策部署。经过各级政府和全社会的共同努力,太湖流域水环境综合治理取得了显著成效,水环境质量明显改善,生态环境稳步向好,太湖连续 15 年实现了“两个确保”目标。

　　进入新发展阶段,太湖水环境治理和蓝藻水华防控面临新形势新任务新要求。由于太湖是一个浅水湖泊,环境容量有限,自净能力不足,外源营养物输入负荷大,水体富营养化状态在短时间内难以得到根本改变,蓝藻水华防控形势依然严峻,太湖流域水环境综合治理是一项复杂的、艰巨的、长期的任务。2022 年,国家发改委联合有关部门编制发布了新一轮《太湖流域水环境综合治理总体方案》。总体方案将太湖定位于“长三角高质量发展的重要生态支撑”和“长三角区域水安全保障重要载体”,因此,太湖水环境治理和生态修复保护对于保障长三角地区水生态安全、推动长三角一体化发展以及长江经济带发展、加快推进人与自然和谐共生的现代化都具有十分重要的意义。总体方案对新时期太湖流域水环境综合治理提出了新的目标任务和要求。

　　太湖水环境治理和蓝藻水华精准防控需要以精密的监测数据为基础。持续、动态监测,及时、准确获取蓝藻水华的面积、位置和强度等定量信息,可以为蓝藻水华的精准防控提供关键的数据支撑。卫星遥感技术能够对大面积湖泊水体进行全天候的监测,在数据获取上具备周期短、频率高、速度快的特点,兼具连续性和实时性,同时具有成本低廉等优势,已成为湖泊蓝藻水华监测的一种主要的和不可替代的手段。自 1988 年 9 月 7 日发射第一颗风云气象卫星以来,我国已经发射了 18 颗风云气象卫星,可满足不同时空尺度特点的陆表生态和气象灾害监测的多源数据要求。其中,新一代极轨气象卫星的代表——风云三号 D 星搭载的先进的中分辨率光谱成像仪 MERSI II,具有 6 个可见光波段通道,10 个可见光/近红外波段通道,3 个短波红外波段通道和 6 个中长波红外波段通道,FY-3D/ MERSI II 既具有较高的空间分辨率,最高达 250 m,同时也具有较高的时间分辨率(每天过境 1 次),可以实现对蓝藻水华和水质参数的高精度观测。2021年6月发射的新一代静止气象卫星FY-4B上装载了先进的地球同步辐射成像仪(AGRI),有15个光谱通道,其中6个在可见光到短波红外波段,空间分辨率最高为0.5 km,时间分辨率为15 min,FY-4B/AGRI的高频观测有助于探测快速变化的目标,如蓝藻水华的发生、发展和衰变等。面对太湖治理和蓝藻精准防控新需求,我们有必要充分发挥好极轨气象卫星的高空间分辨率优势和静止气象卫星的高频观测优势,发展蓝藻水华的高精度、高频次卫星监测技术,为水环境治理和蓝藻水华防控提供技术支撑。

气象与蓝藻水华密切相关。气候变暖和水质富营养化被认为是近几十年来全球内陆湖泊蓝藻水华趋频趋重的主要原因。尽管很多研究已经证实了气温、风向、风速、光照和降水等气象因子都会对蓝藻的生长和水华形成产生重要影响,更有证据表明在水质维持富营养化前提下,气象条件成为太湖蓝藻水华形成的主要限制因素,但迄今为止,蓝藻水华形成的机理机制仍不十分清楚,蓝藻水华预测预警的技术和精度都有待提高。本书以太湖为例,利用长时间序列卫星遥感资料,从蓝藻水华的发生频次、范围、面积和强度等方面分析蓝藻水华的时空分布规律,结合长时间序列的气温、风向、风速和降水等气象数据,研究了主要气象因子对蓝藻水华时间变化和空间分布的影响,定量评估了蓝藻水华对区域气候变化的响应。研究成果有助于科学认识和理解气象对蓝藻水华的作用机制,进一步促进蓝藻水华的机理研究,同时也为将来建立融合气象条件的蓝藻水华预测模型打下基础。

《太湖蓝藻水华卫星监测与气象影响评估技术》一书是在中国气象局风云卫星应用先行计划"基于新一代风云卫星的湖泊水生态监测技术研究"、风云三号03批气象卫星工程地面应用系统"湖泊生态气象遥感应用系统"、中国气象局新技术推广项目"太湖藻类(EOS/MODIS)卫星遥感监测系统"、江苏省科技支撑计划"太湖水域气象、水文与遥感综合监测及蓝藻暴发的微气象预警技术"等多个项目研究成果的基础上编写而成。全书共分七章,其中第一章介绍了太湖流域基本情况、自然地理概况、气候特征和气候时空变化的情况;第二章介绍了蓝藻水华的卫星遥感监测原理、技术与方法,重点介绍了新一代风云气象卫星FY-3D和FY-4B观测数据在太湖蓝藻水华监测中的应用;第三章介绍了近二十年太湖蓝藻水华的时空分布特征和变化规律;第四至六章分别介绍了主要气象因子气温、风速风向、降水、日照和相对湿度对太湖蓝藻水华的影响;第七章介绍了太湖蓝藻水华气象影响定量评估技术。书中介绍的相关技术成果已在业务中应用,可为广大业务应用部门技术人员提供参考,具有很强的针对性和实用性。

本书主要由李亚春、杭鑫和韩秀珍撰写,其他参与撰写的人员有朱士华、徐萌、孙良宵、谢小萍、项瑛、曹云、李心怡、支风梅、朱小丽、唐飞、阚婉琳、火焰、霍焱等。在本书撰写过程中,得到了领域内相关专家的热心指导。此外,本书的撰写还参考了大量的国内外专家学者的研究成果,在这里一并表示衷心感谢。

撰写本书的目的是总结太湖蓝藻水华卫星监测和气象影响评估技术,其内容是作者多年的研究总结。限于学科的专业性和著者的水平,书中难免有不足和疏漏之处,欢迎读者批评指正。

著者

2023年6月

目 录

序

前言

第1章 太湖流域概况及气候特征 ……………………………………………… 1

1.1 太湖流域基本情况 ………………………………………………………… 1

1.2 太湖流域自然地理 ………………………………………………………… 2

1.2.1 地形地貌 ……………………………………………………………… 2

1.2.2 主要水系 ……………………………………………………………… 3

1.2.3 主要湖泊 ……………………………………………………………… 3

1.3 太湖简介 …………………………………………………………………… 4

1.3.1 太湖自然地理概况 …………………………………………………… 4

1.3.2 太湖水资源 …………………………………………………………… 5

1.4 太湖水环境状况 …………………………………………………………… 6

1.4.1 太湖水环境变化简史 ………………………………………………… 6

1.4.2 太湖富营养化原因简析 ……………………………………………… 6

1.4.3 太湖水环境现状 ……………………………………………………… 7

1.5 太湖流域总体气候特征 …………………………………………………… 10

1.6 太湖流域典型灾害性天气气候 …………………………………………… 11

1.6.1 低温寒潮 ……………………………………………………………… 11

1.6.2 梅雨 …………………………………………………………………… 11

1.6.3 台风 …………………………………………………………………… 12

1.6.4 高温 …………………………………………………………………… 12

1.7 太湖流域气候时空变化特征分析 ………………………………………… 12

1.7.1 年际变化特征 ………………………………………………………… 12

1.7.2 季节变化特征 ………………………………………………………… 18

1.7.3 月际变化特征 ………………………………………………………… 29

第2章 太湖蓝藻水华卫星遥感监测方法 …………………………………… 32

2.1 太湖蓝藻简史 ……………………………………………………………… 32

2.1.1　蓝藻是什么 ……………………………………… 32

2.1.2　蓝藻的作用 ……………………………………… 33

2.1.3　蓝藻的危害 ……………………………………… 33

2.1.4　蓝藻水华的成因 …………………………………… 34

2.1.5　太湖蓝藻的历史 …………………………………… 37

2.2　传统监测方法 ……………………………………… 38

2.2.1　显微镜计数法 ……………………………………… 38

2.2.2　叶绿素 a 含量测定法 ……………………………… 39

2.2.3　荧光分析技术 ……………………………………… 39

2.2.4　分子荧光分析法 …………………………………… 39

2.3　卫星遥感监测方法 ………………………………… 40

2.3.1　国内外蓝藻水华卫星遥感监测现状 ……………… 40

2.3.2　蓝藻水华卫星遥感监测原理与常用方法 ………… 41

2.4　基于 FY-3D 的蓝藻水华遥感监测技术 …………… 44

2.4.1　FY-3D/MERSI-Ⅱ卫星数据简介 ………………… 44

2.4.2　云检测 ……………………………………………… 46

2.4.3　全偏振辐射传输模型 UNL-VRTM 大气校正 …… 47

2.4.4　重采样 ……………………………………………… 49

2.4.5　归一化差分植被指数(NDVI)算法 ……………… 52

2.4.6　蓝藻水华与水生植被遥感辨别指数(CMI)算法 … 54

2.5　基于 FY-4B 的蓝藻水华遥感监测技术 …………… 61

2.5.1　FY-4B/AGRI 卫星数据简介 ……………………… 61

2.5.2　角度效应订正 ……………………………………… 63

2.5.3　6S 模型大气校正 ………………………………… 66

2.5.4　结果与分析 ………………………………………… 76

第 3 章　太湖蓝藻水华时空变化特征 …………………… 83

3.1　卫星遥感太湖蓝藻水华总体概况 ………………… 83

3.2　太湖蓝藻水华时间分布特征与变化 ……………… 86

3.2.1　太湖蓝藻水华年际分布与变化 …………………… 86

3.2.2　太湖蓝藻水华季节分布与变化 …………………… 91

3.2.3　太湖蓝藻水华月际分布与变化 …………………… 95

3.3　太湖蓝藻水华空间分布特征与变化 ……………… 100

3.3.1　太湖蓝藻水华空间分布特征 ……………………… 100

3.3.2　太湖蓝藻水华空间变化趋势 ……………………… 106

3.4　小结 ………………………………………………… 109

第4章　气温对太湖蓝藻水华的影响 ································ 110

4.1　太湖蓝藻生长与气温的关系 ······························· 110

4.1.1　蓝藻生长与水温的关系 ····························· 110

4.1.2　太湖水温与气温的关系 ····························· 112

4.1.3　气温对蓝藻水华影响研究进展 ······················· 112

4.2　太湖蓝藻水华对应的气温分布 ····························· 113

4.3　气温对太湖蓝藻水华的影响分析 ··························· 114

4.3.1　蓝藻水华面积与年平均气温的关系 ···················· 114

4.3.2　蓝藻水华面积与季平均气温的关系 ···················· 114

4.3.3　蓝藻水华面积与月平均气温的关系 ···················· 115

4.3.4　蓝藻水华对气温的响应特征 ························· 116

4.3.5　大面积蓝藻水华的适宜气温 ························· 118

4.3.6　蓝藻水华初终日期与气温的关系 ······················ 119

4.4　太湖蓝藻水华的周期分析 ································ 120

4.5　太湖蓝藻水华形成的适宜温度指标 ··························· 122

4.6　小结 ··· 122

第5章　风对太湖蓝藻水华的影响 ······························· 124

5.1　风对蓝藻水华影响研究进展 ······························· 124

5.2　研究方法 ·· 125

5.2.1　数据 ··· 125

5.2.2　蓝藻信息遥感解译方法 ····························· 125

5.2.3　风的统计分析方法 ································· 126

5.2.4　风场的数值模拟方法 ······························ 126

5.3　风速对太湖蓝藻水华的影响分析 ··························· 126

5.3.1　2003年以来风速变化特点 ···························· 126

5.3.2　蓝藻水华对风速的响应 ····························· 127

5.3.3　蓝藻水华形成的风速分布特征 ························· 128

5.3.4　风速对蓝藻水华频次的影响 ·························· 128

5.3.5　风速对蓝藻水华面积的影响 ·························· 130

5.3.6　风速对大范围蓝藻水华的影响 ························· 132

5.4　风向对太湖蓝藻水华的影响分析 ··························· 133

5.5　数值模拟近地面风场的影响分析 ··························· 135

5.6　太湖蓝藻水华形成的适宜风速指标 ··························· 137

5.7　小结 ··· 138

第6章　降水、光照和相对湿度对太湖蓝藻水华的影响 ················· 139

　6.1　降水对太湖蓝藻水华的影响分析 ··································· 139

　　6.1.1　年降水量与蓝藻水华的关系 ································· 139

　　6.1.2　季降水量与蓝藻水华的关系 ································· 140

　　6.1.3　月降水量与蓝藻水华的关系 ································· 141

　　6.1.4　日降水量与蓝藻水华的关系 ································· 142

　6.2　光照对太湖蓝藻水华的影响分析 ··································· 144

　　6.2.1　光照对蓝藻的影响 ··· 144

　　6.2.2　光照对太湖蓝藻水华的影响 ································· 145

　6.3　相对湿度对太湖蓝藻水华的影响分析 ······························· 147

　　6.3.1　相对湿度对蓝藻的影响 ····································· 147

　　6.3.2　相对湿度对太湖蓝藻水华的影响 ····························· 147

　6.4　小结 ··· 148

第7章　太湖蓝藻水华气象影响定量评估 ····························· 150

　7.1　太湖蓝藻水华影响程度指数构建 ··································· 150

　　7.1.1　常用的蓝藻水华影响程度因子 ······························· 150

　　7.1.2　蓝藻水华影响程度指数构建方法 ····························· 151

　　7.1.3　蓝藻水华影响程度指数结果 ································· 151

　7.2　太湖蓝藻水华气象影响因子初步筛选 ······························· 152

　7.3　太湖蓝藻水华气象影响定量评估模型构建 ··························· 152

　　7.3.1　基于通径分析方法的蓝藻水华气象影响定量评估模型 ············· 153

　　7.3.2　基于随机森林法的蓝藻水华气象影响定量评估模型 ············· 157

　7.4　小结 ··· 163

参考文献 ··· 164

第 1 章　太湖流域概况及气候特征

太湖流域以太湖为中心,包括江苏省南部、浙江省北部和上海市大部分地区。太湖流域物华天宝,人杰地灵,历史源远流长,文化底蕴深厚,是我国吴越文化的发源地,著名的江南水乡,被誉为"人间天堂"。太湖流域是我国经济最发达、人口最集中、财富最密集、商贸最活跃的区域之一,也是"一带一路"和长江经济带的重要组成部分,在国家经济社会发展中占有重要的战略地位。

1.1　太湖流域基本情况

太湖流域地处长江三角洲的南翼,北抵长江,东临东海,南滨钱塘江,西以天目山、茅山为界(图 1.1)。流域总面积为 36895 km²,其中西部低山丘陵区面积 7338 km²,中部平原区面积 19350 km²,沿江滨海平原区面积 7015 km²,太湖湖区面积 3192 km²(包括部分湖滨陆地)。行政区划分属江苏、浙江、上海和安徽三省一市,其中江苏省 19399 km²,占 52.6%;浙江省 12095 km²,占 32.8%;上海市 5176 km²,占 14.0%;安徽省 225 km²,占 0.6%。

图 1.1　太湖流域卫星遥感真彩色合成图(来源:GF-6 卫星)

太湖流域是我国经济最发达的地区之一,在全国占有举足轻重的地位。流域内有我国最大的城市上海市以及杭州、无锡、苏州、常州、嘉兴、湖州等大中城市,2020年太湖流域人口约6755万人,密度达1831人/km²。上海、苏州、无锡等地城镇化水平高,常住人口城镇化率达84%,远超全国平均水平。2020年太湖流域地区生产总值99978亿元,占长三角地区经济总量的40.8%,占全国经济总量的9.8%,人均地区生产总值14.8万元,是全国平均水平的2.1倍。环太湖的苏州、无锡、常州这三座城市更是江苏经济发展的精华地区和对外开放的先导地区,以"苏锡常"为代表的苏南经济板块和苏南模式,自中国改革开放以来,一直扮演着"经济领头羊、改革风向标"的角色,成功完成了从农业向工业的跨越,更借助"浦东大开发"实现了开放型经济的第二次转型。这三座城市的经济水平不仅远高于中国平均水平,而且在江苏省内的排名也是数一数二的。2020年,江苏省太湖流域常住人口2746万人,较2007年增加了31.7%;常住人口密度为1401人/km²,是全省的1.8倍;流域常住人口城镇化率达到81%,较2007年增加了近10%。地区生产总值为42581亿元,较2007年增加2.5倍,占全省的41.4%;第一、第二、第三产业所占比重分别为1.4%、46.6%、52.0%,与2007年相比,第二产业比重降低了14.6%,第三产业增加了15.3%。2020年总用水量为127.6亿m³,比"十二五"末增加了6.2亿m³,第一、第二、第三产业用水量占比分别为33.4%、47.1%、19.5%,与"十二五"末相比,第一、第二产业用水量占比分别减少了2.7%、3.3%,第三产业增加了6%(上述相关数据来源于《太湖流域水环境综合治理总体方案》和《江苏省太湖流域水环境综合治理规划(2021—2035年)》)。

太湖流域历来是我国农业最发达的地区。这里年平均降雨量在1000 mm以上,无霜期达220~240 d,又有季风调节气候,最适宜农作物和经济林木的生长。流域内耕地2700万余亩[①],大部分都是水田,盛产稻谷、棉花、小麦、油菜、豆类、黄麻等作物。这个地区还出产茶叶、毛竹、茶油以及各种干鲜果品。江苏省约70%的杨梅、90%的枇杷、几乎全部的柑橘都出自洞庭东山和洞庭西山。太湖流域还盛产桑蚕,年总产量逾100万担[②],丝绸生产居全国之冠。

太湖流域一直是我国重要的淡水渔业基地。太湖湖底平坦,水深平均在1.9 m,最深处达5 m左右。湖中鱼类赖以生存的天然饵料十分丰富。据《太湖鱼类志》记载,太湖共有107种鱼类,盛产青、草、鲤、鲢、鲫、鳊等鱼类和各种水产经济动物。其中经济价值较高的有40多种,特别是白鱼、银鱼和白虾,称为"太湖三宝",在国内外享有盛誉。

1.2 太湖流域自然地理

1.2.1 地形地貌

太湖流域地形特点为周边高、中间低,西部高、东部低,呈碟状。流域西部为山区,属天目山及茅山山区,中间为平原河网和以太湖为中心的洼地及湖泊,北、东、南三边受长江和杭州湾泥沙堆积影响,地势高亢,形成碟边。地貌分为山地丘陵及平原,西部山丘区面积7338 km²,

① 1亩≈666.67 m²,下同。
② 1担=50 kg。

约占流域面积的 20%,山区高程一般为 200～500 m,丘陵高程一般为 12～32 m;中东部广大平原区面积 29557 km²,分为中部平原区、沿江滨海高亢平原区和太湖湖区。中部平原区周边高,中间低。周边高程一般为 4～8 m(吴淞基面零点,下同),中间洼地高程一般为 2.5～4.0 m,洼地的中心为太湖。太湖以西为上游,以东为下游。

1.2.2　主要水系

太湖流域河网如织,湖泊星罗棋布,水面总面积约 5551 km²,水面面积在 0.5 km² 以上的大小湖泊共有 189 个,湖泊面积在 40 km² 以上的 6 个。河道总长度约 12 万 km,河网密度达 3.3 km·km⁻²,为典型"江南水网"。

上游水系。太湖上游集水面积 1.9 万 km²,古有苕溪、荆溪两大水系汇水入湖,至今变化不大。苕溪水系源于浙江省天目山地,以东、西苕溪为大。荆溪水系源于宜溧山地和茅山东麓,可分为南溪水系、洮滆湖水系、江南运河水系,向东注入太湖。各水系间有南北向调度河道。江苏省境内湖西地区在江南运河以北截水入江后,入湖水系流域面积为 6081 km²。

下游水系。太湖下游的入江入海通道,古有吴淞江、东江、娄江,统称太湖三江,分别向东、南、北三面排水。8 世纪前后,东江、娄江相继湮灭。从 11 世纪开始,吴淞江也很快淤浅缩狭。上游来水汇入太湖以后,经湖东洼地弥漫盈溢分流各港浦注入长江。明永乐元年(1403 年),在上海县东开范家浜,上接黄浦江,下通长江。不到半个世纪,黄浦江冲成深广大河,成为太湖下游排水的主要出路,吴淞江淤塞为黄浦江支流。1958 年,开挖太浦河,上接太湖,下接黄浦江。黄浦江在米市渡以上有三支,北为斜塘、泖河、拦路港,与淀山湖相通;中为园泄泾,上接俞汇塘;南为泖港,承杭嘉湖来水。米市渡以下至吴淞,长 113 km。

1.2.3　主要湖泊

太湖流域中部地势低洼,大小湖泊星罗棋布,湖泊总面积约 3159 km²(按水面积大于 0.5 km² 的湖泊统计),占流域平原面积的 10.7%,湖泊总蓄水量 57.68 亿 m³,是长江中下游 7 个湖泊集中区之一。流域湖泊均为浅水型湖泊,平均水深不足 2 m,个别湖泊最大水深达 4 m。流域湖泊以太湖为中心,形成西部洮滆湖群、南部嘉西湖群、东部淀泖湖群和北部阳澄湖群。流域内面积大于 40 km² 的湖泊有 6 个,分别为太湖、滆湖、阳澄湖、洮湖、淀山湖、澄湖。太湖是流域内最大的湖泊,也是流域洪水和水资源调蓄中心(表 1.1)。

表 1.1　太湖流域大中型湖泊概况

湖泊名称	湖泊面积/km²	湖泊水面/km²	湖泊长度/km	平均宽度/km	平均水深/m	总容蓄水量/亿 m³
太湖	2425.00	2338.11	68.55	34.11	1.89	44.30
滆湖	146.50	146.50	24.00	6.12	1.07	1.74
阳澄湖	119.04	118.93	—	—	1.43	1.67
淀山湖	63.73	63.73	12.88	4.95	1.73	1.59
洮湖	88.97	88.97	16.17	5.5	0.97	0.98
澄湖	40.64	40.64	9.88	4.11	1.48	0.74

(资料来源于《太湖流域水环境综合治理总体方案》)

1.3　太湖简介

1.3.1　太湖自然地理概况

太湖位于长江三角洲的南缘,古称震泽、具区,又名五湖、笠泽,是中国五大淡水湖之一,横跨江、浙两省,北临无锡,南濒湖州,西依宜兴,东近苏州(图 1.2)。太湖湖泊面积 2427.8 km²,水域面积为 2338.1 km²,湖岸线全长 393.2 km。其西和西南侧为丘陵山地,东侧以平原及水网为主。

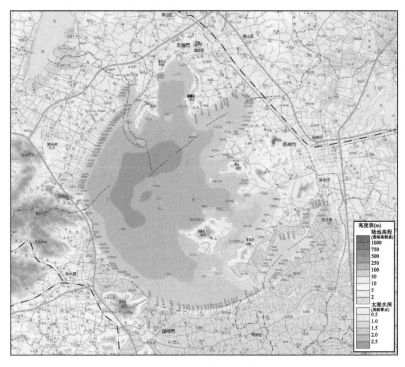

图 1.2　太湖地形示意图

(来源于江苏省太湖水污染防治委员会办公室)

太湖低平原早在晚更新世末期以前已经成陆。大约到全新世中期,随着气候转暖、海平面上升,山区河流汇聚于今太湖湖区洼地,形成今太湖雏形。以后渐次扩大,至宋元以后始趋稳定至现今规模。太湖平面形态略呈半圆形,西南部湖岸平滑而呈弧形;东北部湖岸曲折,多湖湾与岬角。太湖入湖水流主要来自西南岸,湖水由东北岸排出,形成自西南向东北的倾斜流。太湖水浅,易于形成风生流。在这两种湖流作用下,湖水形成一个反时针流向的常年主流带,对西岸和南岸进行侧蚀,最后在东北岸排出。目前,太湖南北最大长度 68 km,东西平均宽度 35.7 km,岸线全长 390 多千米。太湖号称"三万六千顷[①],周围八百里[②]",但它的实际面积受到泥沙淤积和人为围湖造田等因素的影响,在形成以后多有变化。今天的太湖,北临无锡、

---

①　1 顷 ≈ 6.667 hm²。

②　1 里 = 500 m。

南濒湖州、西接宜兴、东邻苏州,湖区面积约 3192 km²,其中水面面积约 2338 km²,湖岸山丘地面积 765 km²,其中有大小岛屿 48 个,面积 89 km²,峰 72 座。这里山水相依,层次丰富,形成一幅"山外青山湖外湖,黛峰簇簇洞泉布"的自然画卷。太湖东、北、西沿岸和湖中诸岛,为吴越文化发源地,有大批文物古迹遗存,如春秋时期的阖闾城越城遗址、隋代大运河、唐代宝带桥、宋代紫金庵、元代天池书屋、明代扬弯一条街、宜兴三洞、无锡三山和苏州东、西洞庭山等。

对于太湖是怎么形成的,目前的说法很多,主要有潟湖说、地质构造说、雨水堆积、河流淤塞说、火山喷发说、陨石撞击说等(王鹤年 等,2009)。

1. 潟湖说

就是由大江的淤积而形成太湖,像长江三角洲地区的太湖、阳澄湖、淀山湖等,之前都是与海相通的大海湾,后来因为部分地方向东延伸与反曲,使得部分海面变成了内海,而且两侧的山水流不断,冲淡了内海的水,于是变成了淡水湖。

2. 河流淤塞说

在距今 2 万～1.5 万年,地貌变化形成广袤的古长江三角洲冲积平原,平原植被为温带草原,后随着气候的转暖,海面回升到今海平面附近。因为长江和钱塘江沙嘴的形成,使得太湖平原成为大型的集水洼地。还有河流的下游被淹,入海河道宣泄不畅,河里面的泥沙淤积也变得越来越严重,而改道汇集于这碟形洼地中,低洼地积水沼泽化,形成分散的小型湖泊群。

3. 地质构造说

因为太湖地区地壳的构造运动,造成太湖平原下沉,成为汇水盆地,形成太湖。

4. 陨石撞击说

这一学说目前又分"陨石撞击成因说"和"彗星爆炸成因说"两种。陨石撞击成因说认为在距今 5000 万年前,一颗巨大的陨石从北东方向撞击地面,造成相当于 1000 万颗广岛原子弹爆炸的巨大冲击,留下了 2300 多平方千米的陨石坑,后来这里逐渐积聚了大量的水,形成了现在的太湖。彗星爆炸成因说则认为是在 4800 万年前有一颗直径 50 km 的由大量冰形成的彗星从东北向西南砸向太湖地区形成了太湖。

1.3.2　太湖水资源

太湖是典型的大型浅水湖泊,湖底平坦,平均水深 1.9 m,水面面积 2338 km²。太湖常年平均水位 3.11 m,总容蓄水量 44.3 亿 m³。流域多年平均降水量 1177 mm,其中约 60% 集中在 5—9 月汛期。2020 年地表水资源量 129 亿 m³。太湖流域多年平均气温为 15～17 ℃,每年的 7—10 月,常受热带风暴和台风影响。

太湖是一个天然的巨大水库。西部山丘区来水汇入太湖后,经太湖调蓄,从东部流出。太湖出入湖河流 228 条,环湖河道多年平均入湖水量 80.94 亿 m³,多年平均出湖水量 88.97 亿 m³。太湖在水位 2.99 m 时的库容为 44.23 亿 m³,平均水深 1.89 m,在水位 4.65 m 时的库容约 83 亿 m³。太湖不仅接纳上游百川来水,下游湖东地区或遇暴雨,沥水也会倒流入湖。当长江水位高涨而通江港口无水闸控制时,江水也会分流入湖。由于湖面大,每上涨 1 cm,可蓄水 2300 多万立方米,故洪枯水位变幅小。一般每年 4 月雨季开始水位上涨,7 月中下旬达到高峰,到 11 月进入枯水期,2—3 月水位最低。一般洪枯变幅在 1.0～1.5 m。1991 年太湖平均水位 4.79 m,为历史最高;1934 年瓜泾口 1.87 m,为历史最低。由于太湖的调蓄,其下游平原虽然地势比较低洼,一般年份仍可免受洪水威胁。太湖汛期能够蓄水,不仅下游地区依赖太湖水灌溉,上游大部分地区也依赖太湖水灌溉,太湖水可一直灌到西部山脚边。一般年份灌溉水源都可满足,特殊干旱年份水源不足时,需从长江引水。现已在通江河口陆续增建翻水站,引江入湖,使水源更为丰盈。

太湖不仅对全流域防洪和灌溉有重要作用,而且对流域城乡供水有至关重要的作用,沿湖约有 4000 万人的饮用水取自太湖。一湖好水不仅供沿湖无锡、苏州等城市直接取用,而且还是黄浦江的源头,对冲淤、冲污、冲咸和上海城市用水有着重要意义。

1.4 太湖水环境状况

1.4.1 太湖水环境变化简史

水质是太湖的生命。自古以来,太湖水就维系着太湖流域的兴衰。进入 21 世纪,随着流域经济社会的快速增长,工业化、城镇化迅速推进,太湖流域水资源态势也日益严峻,水环境面临一系列突出问题:水污染防治不力导致水环境严重恶化;掠夺式开发利用地面和地下水资源导致水生态系统破坏,地面沉降;多部门管理混乱造成资源管理无序。太湖水环境已成为制约流域经济社会可持续发展的重要因素。

20 世纪 60 年代,太湖略呈贫营养状态,1981 年时仍属于中营养湖泊,但从 20 世纪 80 年代后期,由于周边工农业的迅速发展,太湖北部的梅梁湾开始频繁暴发蓝藻水华。而后,太湖污染日趋严重,造成了湖泊富营养化,水质恶化,蓝藻水华频繁暴发。

1987 年,太湖已有 1% 的水面水质受到轻度污染,主要分布在五里湖湖面和小梅入湖处;有 10% 的水面水质达三级,主要分布在三山、马迹山、大浦港至乌溪港和胥港至光福的太湖沿岸水域;89% 的水面维持在二级水质,主要分布在湖心地区水域。

由于水质退化,太湖的营养化程度加重,经常发生绿色“水华”。从湖内氮、磷的营养成分分析,其指标均达富营养化水平。1960 年总氮值仅为 0.23 mg·L^{-1},1980 年为 0.85 mg·L^{-1},而 1987 年已达 1.43 mg·L^{-1},1987 年为 1980 年的 1.68 倍,为 1960 年的 6.22 倍;总磷值 1981 年为 0.02 mg·L^{-1},1987 年为 0.046 mg·L^{-1},1987 年为 1981 年的 2.3 倍。以氮、磷指标评价,太湖的富营养化面积已占太湖总面积的 90% 以上。无锡市太湖沿岸富营养化程度较高。

太湖富营养化趋势较为明显,已由轻度富营养水平变为中度富营养水平,且富营养化程度逐年上升。叶绿素 a 的含量逐年升高,表明湖区藻类发生量逐年增加,富营养化加剧,致使太湖蓝藻频繁暴发,且其变化趋势已脱离营养盐的走势。各湖区中,位于北部湖湾区的五里湖、梅梁湖和竺山湖富营养化水平较重,其余湖区富营养化水平在 2000 年后有小幅回落,至 2002 年起持续上升,目前仅东太湖能一直维持轻度富营养化水平,其余湖区均达到了中度富营养化水平。1997—2004 年东部沿岸区为轻度富营养化水平,2005 年后达到中度富营养化水平,西部沿岸区自 1999 年至今均为中度富营养化水平,其他湖区目前均为中度富营养化水平。

1.4.2 太湖富营养化原因简析

造成太湖富营养化的主要原因包括以下 6 点:

1. 农业污染

太湖附近农田面积大,单位耕地面积化肥施用量据数据统计由 20 世纪 80 年代的不足 200 kg·hm⁻² 到目前超过 600 kg·hm⁻²,化肥施用量增加,使用广泛、分散、不合理,导致化肥的利用率并没有明显升高,反而由于土壤板结而降低。雨水对土壤中残留的氮、磷冲刷搬运,导致有效营养成分流失,水环境被污染。农药和化肥的流失造成水体中氮、磷营养元素富集。

2. 养殖业污染

太湖的灌溉农用水量丰富,物产富饶,非常适合养殖业的发展。20 世纪 90 年代后养殖业大规模发展,太湖周边有大量集中的禽畜饲养场建立,饲养场几乎没有任何处理措施就把污水直接排放,成为太湖地区的污染源之一。

3. 工业和城市污水污染

太湖的地理位置特殊,灌溉水量蓄积大,有很多港口河道,商家选择在太湖旁边建立工厂,排污量巨大,处理不完全,过程简化,不能够起到无害排放。且目前我国在污水处理方面很多都缺少脱氮除磷工艺,城市污水的处理方法对减缓太湖的富营养化远远不够。

4. 旅游业

太湖的风景优美,旅游业的发展带动了餐饮、酒店、度假村等行业的快速发展,排放到太湖的暗流和暗管道很多。

5. 底泥二次污染

太湖的生产力丰富,湖内的底泥具有非常丰富的有机质,这些有机质存在于底质中,本来缺氧的环境就难以使其完全降解,而不断新增的有机质使得沉积的底泥的数量越来越多。太湖为浅水湖泊,风在浅水区作用明显,比较容易引起水体的垂向运输,底泥中大量的营养盐会发生二次释放,造成湖水的富营养化。

6. 太湖富营养化的自然因素

太湖富营养化的发展是一个长期的过程,影响因素诸多。湖泊表层底泥中 TOC(总有机碳)与 TN(总氮)含量呈正相关,说明了 TOC 在湖底泥中的沉积可能成为湖泊氮的重要来源。大气湿沉降可能导致水体富营养化程度的加剧,风的作用也很大,另外,水生生物的退化,造成的生物分布不合理是藻类大量繁殖的一个诱因。

1.4.3　太湖水环境现状

自 2008 年以来,在各方共同努力下,太湖流域水环境综合治理取得明显成效。2020 年流域重点断面水质达到或优于Ⅲ类比例为 92.6%,较 2007 年和 2015 年分别提高了 64.3 个百分点和 40.2 个百分点,无劣Ⅴ类断面。生活污水和工业废水排放量达到 32.3 亿 t,化学需氧量 14.9 万 t,氨氮 2.26 万 t、总磷 0.45 万 t、总氮 5.87 万 t,均较"十二五"末降低了 16% 以上。流域现有工业园区(集中区)污水处理厂 80 座,处理能力 116 万 t·d⁻¹;城镇生活污水处理厂 176 座,处理能力 831 万 t·d⁻¹。城镇生活污水处理能力较"十二五"末增加了 118 万 t·d⁻¹,污水管网总长度增加了 5107 km,行政村生活污水治理设施覆盖率达 100%。流域湿地总面积 52.9 万 hm²,占流域面积的 27%,其中自然湿地 35.1 万 hm²,人工湿地 17.8 万 hm²,有 26 处共计 29.6 万 hm² 湿地纳入省级重要湿地予以保护。"十三五"期间,流域湿地保护率由 35.7% 提高到 43.5%,自然湿地保护率由 51.8% 提高到 63.5%。流域河流断面底栖动物和着生藻类物种多样性处于"丰富"和"较丰富"的断面占84%,湖库浮游动物多样性指数处于"丰富"和"较丰富"的断面占 93.5%(数据来源于《江苏省太湖流域水环境综合治理规划(2021—2035 年)》)。

太湖流域经济高度发达、人口密度较高,氮、磷污染物排放总量偏高。流域平原区河网交织,水体流动性较差,整体水环境容量较小,生态系统对环境变化敏感度较高。同时,太湖属于大型浅水湖泊,自净能力不高,蓝藻水华仍处于高发态势,稍有松懈就有可能出现反复。虽然太湖流域水环境治理取得了显著成绩,至 2022 年已连续 15 年实现了国务院提出的"两个确保"目标,但与治理目标相比,仍有一定差距,在治理过程中也暴露出一些新情况和新问题:首先,入湖总磷污染负荷居高不下(图 1.3)。太湖流域是我国印染、化工、电镀、造纸等产业的重要集聚区,结构性和区域性污染问题突出。2008—2020 年多年平均入湖总磷负荷约 2150 t,是太湖总磷环境容量的近 4 倍。

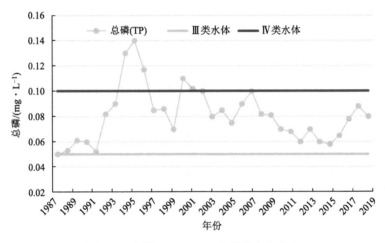

图 1.3　太湖 1987—2019 年总磷变化趋势

实际入河(湖)总量远超太湖水环境容量是太湖水质难以达到治理目标的根本原因。太湖总磷、总氮污染物主要来自入湖河道输入,入湖河道总磷、总氮污染物输入量分别占太湖污染物总量的 85%、89%。2022 年 6 月,国家发展改革委、自然资源部等 6 部门印发了新一轮《太湖流域水环境综合治理总体方案》(以下简称《总体方案》)。《总体方案》中根据太湖流域水环境综合治理的水质目标,明确 90%保证率枯水年太湖总磷和总氮的纳污能力分别为 514 t·a^{-1} 和 8509 t·a^{-1}。在《总体方案》明确的太湖纳污能力基础上,水利部太湖流域管理局(简称太湖局)根据近年来流域实际,组织开展了平水年环湖允许入湖负荷研究,核算提出平水年情况下,为实现太湖水质目标,允许入湖总磷、总氮负荷量分别为 611 t·a^{-1}、12765 t·a^{-1}。

根据太湖局对主要入湖河道水质、水量的同步监测数据分析计算,求得入太湖污染物总量,结果表明:与基准年 2007 年相比,近 3 年(2017—2019 年)入湖污染物总量年均值高锰酸盐指数为 54012 t,与基准年基本持平;氨氮为 7138 t,比基准年下降 59.8%;总磷为 1913 t,比基准年增加 4.3%;总氮为 38466 t,比基准年下降 9.8%(表 1.2)。近 3 年太湖总磷、总氮年均入湖负荷为《总体方案》确定的枯水年太湖总磷和总氮纳污能力的 3.7 倍和 4.5 倍,为太湖局核算的平水年相应纳污能力的 3.1 倍和 3.0 倍。

从入湖总磷负荷空间分布看,2008—2019 年环太湖河道累计入湖总磷 25915 t,其中湖西区累计入湖 19317 t,占 74.5%;浙西区累计入湖 3619 t,占 14.0%;杭嘉湖区累计入湖 509 t,占 2.0%;引江济太通过望亭水利枢纽入湖 1091 t,占 4.2%。由此可见,湖西区是太湖总磷输入量的主要来源。

表 1.2　环太湖河道入湖污染物总量

年份	高锰酸盐/t	氨氮/t	总磷/t	总氮/t
2007 年	54114	17766	1835	42646
2017 年	54917	8807	2006	39425
2018 年	52643	7497	1896	39565
2019 年	54475	5109	1838	36407
2017—2019 年平均值	54012	7138	1913	38466
枯水年纳污能力	/	/	514	8509
平水年纳污能力	/	/	611	12765

注:数据来源于 2022 年 7 月 7 日《中国经济导报》。

其次,蓝藻水华防治形势十分严峻。蓝藻水华的发生是太湖水质问题的直接表象,与水体中氮、磷营养盐浓度直接相关。目前,太湖氮、磷营养盐过剩状况尚未得到根本扭转,且已形成藻型生境,只要气温、光照、风力等外部条件具备,西北部湖湾、竺山湖、梅梁湖和湖心区等水域就可能大面积暴发蓝藻水华。

随着湖泊富营养化程度的加剧,特别是磷浓度的升高,通常会导致水体中蓝藻在藻类群落中占据优势。同时蓝藻生长可增加底泥磷的释放和有机磷的转化,加快湖体磷循环,增加水体总磷含量。太湖冬季湖体 pH 值均值为 8.10,蓝藻水华发生时由于大量利用二氧化碳进行光合作用,太湖水体 pH 值上升,多大于 8.5,甚至超过 9.0。例如,2017 年、2018 年、2019 年 8 月蓝藻水华高发期湖体 pH 值均值为 8.62。偏碱性环境更有利于底泥磷的释放。蓝藻生长大量消耗水中无机磷,通过分泌碱性磷酸酶可加快死亡藻体分解和外源得到的有机磷转化为可利用的无机磷。另外,按照监测规范,目前太湖监测采样层面为水下 0.5 m,太湖发生蓝藻水华时,水样中有大量蓝藻,当水样静置 30 min 后,蓝藻向表层聚集,但用于总磷测定的上清液中仍有较多蓝藻,藻体中的磷一同被消解检测。近年来太湖蓝藻数量总体呈上升趋势,受其影响总磷浓度监测值也有上升。蓝藻水华加快湖体磷循环,藻类数量增加也是近几年太湖总磷浓度上升的影响因素之一。

再次,流域产业结构调整任重道远。虽然近年来太湖流域三省市持续推进产业结构调整和转型升级,加快淘汰落后产能,大力发展高新技术产业和服务业,初步形成了经济持续增长、污染持续下降的双赢发展格局,但由于社会经济发达、人口资源集聚、城市化水平高,流域内经济社会发展与环境承载能力之间的矛盾依旧突出。流域部分地区战略性新兴产业处于起步培育阶段,产出效率偏低;重污染行业占比仍然偏高,且主要污染物单位排放强度较大,高投入、高排放、低效益的问题尚未得到根本解决,产业结构调整仍任重道远。

最后,跨区域协同治理力度有待加强。太湖流域属典型的平原河网地区,河网水系密布,水流往复。但当前流域内水环境治理仍以行政区域管理为主,体制上难以解决跨界水污染问题,导致各行政区污染责任不清。加之部分省际边界地区河湖治理与保护、污染防控尚缺乏上下游统一规划和联调联控机制,流域内跨省河湖的协同治理亟待加强。

太湖是我国第三大淡水湖和长三角地区最重要的饮用水水源地,也是江浙沪城市主要供水水源和长三角生态环境"晴雨表"。加强太湖流域保护治理与高质量发展,再现清水绿岸、鱼翔浅底的太湖美景,是贯彻落实习近平生态文明思想的生动实践,对保护长三角生态安全、推动长三角一体化发展、长江经济带共抓大保护具有重要意义。近年来,太湖生态环境稳步向好,综合治理能力逐步提升。但是,全球气候变化对太湖的影响,太湖流域内集聚的传统能源及传统产业,仍然使太湖生态面临严峻挑战,保护治理任重道远。

1.5　太湖流域总体气候特征

太湖流域地处我国长江三角洲的南翼,三面临江滨海,一面环山,属北亚热带湿润季风气候区,四季分明,热量充足,降水丰沛,雨热同季。夏季受来自海洋的夏季季风控制,盛行东南风,天气炎热多雨;冬季受大陆冬季季风控制,盛行偏北风。受季风气候和春、夏、秋、冬四季更替的影响,太湖蓝藻水华也经历复苏、活跃、衰退和越冬的过程,周而复始,循环往复。流域多年平均气温 17.1 ℃,极端最高气温为 41.2 ℃,极端最低气温为−17.0 ℃;多年平均降雨量为1178.1 mm,其中 60% 的降雨集中在 5—9 月。太湖流域复杂多变的气候、特殊的地理位置和地貌形态,对气温、风速、降水和日照等气候要素的变化响应快速而敏感。

春季。春季是由冬到夏的过渡季节,冷暖空气交替频繁,温度变化大。春季太阳辐射增强,晴朗天气温度迅速上升,尤其是 3 月份以后,气温明显上升,但冷空气仍频繁南下,影响时有偏北大风,温度骤降,并往往会形成降水过程。冷暖空气对峙则出现春季连阴雨。春季降水量增多,但相对来说降雨量较少,多以小雨为主。春季天气变化无常,常有阴雨天气和阵雨天气,但晴朗天气也比较多。总体来说,太湖流域春季气温逐渐回升,降水量增多,天气多变。

夏季。夏季气候特征主要表现为酷热潮湿,强对流天气多。夏季是太湖地区气温最高的季节,平均气温较高,同时也是降雨最多的季节,常有暴雨、雷阵雨等降水天气,导致空气湿润。夏季太湖地区常有雷电天气,往往在下午或夜间出现,需要注意防范。夏季太湖地区也有阵风较大的现象。

秋季。秋季气候特征主要表现为温度适宜,秋高气爽。秋季气温适中,舒适宜人,呈现出晴朗、干燥、凉爽的气候特征。秋季由于季风气流的影响,该地的降水明显减少,气候较为干燥。秋季太湖流域天气晴朗少雨,秋高气爽,但早晚温差大,白天温度较高,晚上气温降低较快。受季风影响,太湖流域秋季的风力较大。

冬季。冬季气候特征主要表现为气温偏低,寒冷干燥。太湖流域在冬季气温较低,平均气温约在 5 ℃左右,相对湿度比较小,空气较干燥,有时也会出现雾、霾天气。受东亚季风的影响,冬季气流强劲,风力较大。

在全球气候变暖的背景下,太湖流域气候也随之发生了一些较为明显的改变。首先,夏季降雨量增加。近年来,太湖流域的夏季降雨量明显增加,特别是在 2016 年和 2017 年,出现了严重的暴雨天气,导致洪涝灾害。其次,冬季气温明显上升。过去,太湖流域的冬季常常出现严寒天气,但近年来,持续出现暖冬现象,冬季气温明显上升,有些年份甚至超过 10 ℃,几乎没有出现下雪天气。与此同时,夏季高温、干旱、强降水等极端天气和灾害性天气趋频趋重,如2011 年至 2012 年冬季,太湖流域经历了严重的干旱,导致水资源短缺,影响了当地的农业和生态环境。这些因气候变化导致的极端天气气候事件,不仅对当地的经济社会和人民生活造成一定影响,还在一定程度上影响到湖泊水质的改善。

1.6　太湖流域典型灾害性天气气候

太湖流域处在亚热带与南温带的过渡性气候带中,兼受西风带、副热带和热带辐合带等天气系统影响,天气气候复杂,灾害性天气频发。影响蓝藻水华的灾害性天气主要包括冬季低温寒潮、江淮梅雨、热带气旋和高温等。

1.6.1　低温寒潮

寒潮是冬半年影响太湖流域的重要灾害性天气之一,除了造成剧烈的降温以外,还常伴有霜冻、大风、暴雪、冻雨等严重的灾害性天气。寒潮来临之前多南支槽活动,为将受寒潮侵袭的地方输送暖湿气流,在暖平流的作用下,许多地方温度显著升高,因此经常在寒潮之前要暖和一两天,另外,由于湿度条件好且风速很小,还容易出现"锋前雾"。例如,2018 年 1 月 25 日—2 月 11 日,江苏省出现大范围区域性低温冰冻天气,极端最低气温−11.3 ℃(出现在深水)。太湖流域也受明显影响,持续低温日数 17 d,为 2009 年以来最长,仅次于 1977 年和 2008 年(18 d),在当年的 1 月 24—28 日,出现 2009 年来最强区域性暴雪过程,多个站点积雪深度刷新了 2009 年以来本站纪录,其中 10 个站点积雪深度超过 20 cm,最大达到 29 cm(1 月 27 日宜兴站)。低温寒潮天气对蓝藻水华的影响在于,低温天气会使得湖水温度快速降低,部分蓝藻由于温度骤降会失去活性从而死亡,另一部分会逐渐由水体下沉到底泥表面休眠越冬,因此冬季蓝藻水华出现概率较低。

1.6.2　梅雨

太湖流域属于长江中下游地区,是梅雨发生的主要区域。每年 6 月中旬前后,西太平洋副热带高压脊线第一次北跃至北纬 25°附近,此时雨带位于长江中下游,使太湖流域进入梅雨期。受副热带高压控制,热带海洋气团与极地大陆气团形成极锋,锋面上常发生连续不断的气旋或低槽活动,加上水汽源源不断地从西南方向输入,形成阴雨连绵的气候。降雨日集中、降水量大、暴雨频繁以及持续周期长是梅雨的特征。梅雨具有强降雨的共性,但又不同于一般的单场强降雨过程。梅雨可在短时间内带来巨大雨量。对于大多数年份来说,梅雨期的累积降水总量会占全年总降水量的 1/4 左右,若遇上梅雨周期长、日降雨量偏大的年份,甚至会高达所在年份降雨量的一半以上(项瑛 等,2016),使得太湖短时间内输入巨大水量,导致太湖水位长时间超警戒甚至超设计水位(吴浩云,2000)。此外,梅雨和强降水对水质的影响较大,长时间降水会导致入湖的营养盐负荷显著加剧(朱伟 等,2018),但短时间持续且大量的降雨又会稀释湖库中的营养盐等物质浓度(张恒 等,2011)。太湖流域平均入梅时间为 6 月 20 日,平均出梅时间为 7 月 13 日,平均梅雨日数为 24 d,其中 2020 年入梅时间最早(6 月 9 日),2012 年入梅时间最晚(6 月 26 日),2005 年出梅时间最早(6 月 29 日),2007 年出梅时间最晚(7 月 24 日),2004 年梅雨期最短仅为 4 d,2020 年梅雨期最长达 51 d。

1.6.3 台风

太湖流域容易受到台风的影响。台风指发生在热带、亚热带地区海面上的气旋性环流(成晔 等,2019)。根据《热带气旋等级》国家标准(中国气象局政策法规司,2006),将热带气旋(TC)划分为热带低压(TD)、热带风暴(TS)、强热带风暴(STS)、台风(TY)、强台风(STY)、超强台风(Super TY)6个等级。

影响太湖流域的台风主要集中在6—10月,其中7—9月是高峰期;平均每年约3.2个,最多的年份可达9个(2018年);台风影响多持续2~4 d。从灾害强度和损失看,呈现沿海重、内陆相对较轻的特征。如2019年8月10—11日,受第9号台风"利奇马"影响,全省普遍出现暴雨到大暴雨天气,中东部地区伴有7级以上偏东大风,太湖及沿海海面风力达10~12级。台风对蓝藻水华的影响在于,伴随台风而来的强风暴雨短时间内虽不利于蓝藻水华的形成,但风浪的扰动会将底泥中的营养盐释放出来,同时强降水会将沿岸土壤中更多的营养盐带入湖中,从而造成更有利于蓝藻水华形成的生境条件。

1.6.4 高温

太湖流域高温天气几乎每年都有发生。每年的夏季7—8月,受西太平洋副热带高压控制或大陆暖高压脊控制,天气晴朗,太阳辐射强烈,太湖流域都会出现持续性或间断性高温酷热天气。如2022年6月1日—8月23日,太湖流域平均最高气温(34.0 ℃),为1961年以来最高值,≥35.0 ℃的平均高温日数超过40 d,为2008年以来最多,是上年同期的4.5倍,有20个国家气象站的日最高气温达到或突破本站历史极值,其中8月15日宜兴最高气温达42.2 ℃,突破了江苏省日最高气温历史极值,此次高温天气过程综合强度为1961年有完整气象台站观测记录以来第一位。持续的高温会一定程度抑制蓝藻细胞繁殖,在此条件下发生大面积蓝藻水华的概率较低,多为小面积蓝藻水华。

1.7 太湖流域气候时空变化特征分析

利用2000—2021年太湖流域35个国家基本气象站的气温、降水、相对湿度、风向风速和日照时数资料分析该区域近22年气候变化及时空特征。太湖流域国家基本气象站点分布如图1.4所示,35个国家基本气象站,包括了上海的10个、浙江的11个、江苏的14个。观测资料分别来源于上海市气象局、浙江省气象局和江苏省气象局,包括了2000—2021年逐月平均气温、累计降水、平均相对湿度、定时风向、平均风速和累计日照时数。

1.7.1 年际变化特征

1.气温特征

根据年平均气温统计结果(图1.5),2000—2021年太湖流域年平均气温的平均值为17.0 ℃,历年平均气温位于16.4 ℃(2011年和2012年)~17.9 ℃(2021年)。2000年以来,太湖流域年平均气温总体上呈波动上升趋势,由2000年的16.7 ℃上升至2021年的17.9 ℃,平均以0.29 ℃·(10 a)$^{-1}$的速率上升。分时间段来看,2000年以来气温变化大体可以分成3

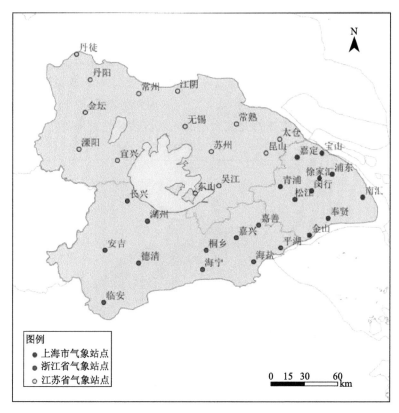

图 1.4　太湖周边气象观测站分布图

个小波段,其中 2000—2007 年年平均气温持续波动上升,至 2006 年和 2007 年,年平均气温陡增至 17.3 ℃和 17.5 ℃,连创当时的历史极值,与之相对应,2006 年和 2007 年太湖连续多次出现大面积蓝藻水华,直至 2007 年 5 月出现了太湖蓝藻水华暴发事件,造成了震惊中外的饮用水危机;2008 年开始,气温又迅速下降,平均下降速率达 1.9 ℃ · (10 a)$^{-1}$,至 2012 年达本世纪以来的最低值 16.4 ℃,与之相对应,太湖蓝藻水华面积和发生频次也从 2008 年开始明显下降,直至 2013 年均维持在一个相对较低的水平;2013 年以后年平均气温又进入波动上升期,平均上升速率达 1.2 ℃ · (10 a)$^{-1}$,至 2021 年再创历史新高,达 17.9 ℃,与之相对应,太湖蓝藻水华再次进入高发重发期。

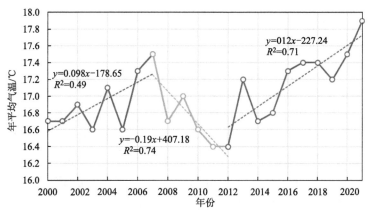

图 1.5　2000—2021 年太湖流域年平均气温变化

从年平均气温的空间分布来看(图1.6),2000—2021年,太湖流域年平均气温呈现中部高、东部局部和西部区域相对较低的特征,其中上海市区、苏州南部以及嘉兴市部分区域为相对高值区,其年平均气温均在17.2℃以上,东部局部和西部区域相对较低,为16.4~16.8℃。太湖流域各气象观测站的年平均气温在16.4~17.8℃,其中上海市徐家汇站的年平均气温最高,为17.8℃,最低值为江苏省宜兴站的16.4℃。单从太湖来看,整体上呈现了东部高、西部低的特征,因此在大多数年份的春季都是在太湖的东部区域最先监测到蓝藻水华。

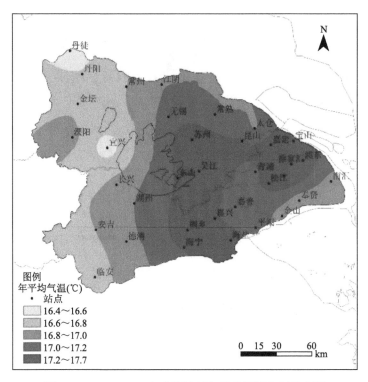

图1.6 2000—2021年太湖流域年平均气温空间分布图

2. 降水特征

图1.7表示了2000—2021年太湖流域年平均降水量的时间变化情况。太湖流域年平均降水量为1297.0 mm,但年际间波动较大,2003年最小,仅为963.4 mm,2016年最大,达1931.6 mm,最大值和最小值之间相差了968.2 mm或+50%。其中2003—2007年为降水量持续显著偏少年份,与平均值相比,偏少幅度在12.5%~25.7%,持续的降水偏少是可能导致2007年太湖蓝藻水华大暴发的诱因之一;2015年和2016年为降水量显著偏多年份,较平均值分别偏多29.7%和48.9%,相应的,这两年太湖蓝藻水华发生程度也不重。

太湖流域年降水量的空间分布差异较为明显(图1.8),太湖流域的西南部(浙江省的安吉、德清和临安等地)降水量最大,年平均降水量超过1400.0 mm,太湖流域的中部(江苏省的无锡、苏州、东山、昆山和吴江等地)和西北部(江苏省的丹徒和丹阳)降水量最小,年降水量在1160.0~1220.0 mm。各气象站点的年平均降水量在1167.5~1515.6 mm,其中年平均降水量最高值在浙江省的德清站,为1515.6 mm;年平均降水量最低值在江苏省的丹徒站,为1167.5 mm。单从太湖来看,整体呈现西部多、东部少的特征。

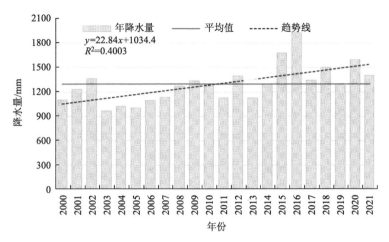

图 1.7　2000—2021 年太湖流域年降水量逐年变化

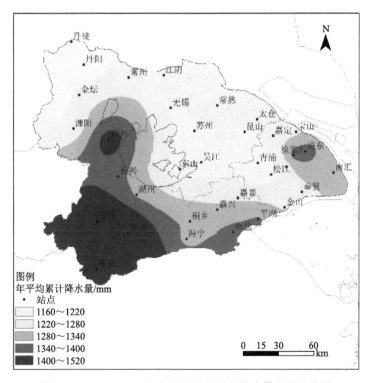

图 1.8　2000—2021 年太湖流域年平均降水量空间分布图

3. 相对湿度

太湖流域年平均相对湿度波动不大(图 1.9)。2000—2021 年,太湖流域年平均相对湿度的平均值为 75.0%,年际间波动较小,最小值为 2005 年的 71.1%,最大值为 2016 年的 78.7%,其中 2004—2013 年和 2017 年相对湿度较低,在 75% 的平均值以下,其他年份平均相对湿度较高。

太湖流域各气象站点的年平均相对湿度空间分布也相对均匀,总体上呈现南部高于北部的特征(图 1.10)。年平均相对湿度高值区分布在上海市的东南部沿海区域(南汇、奉贤和金山)和浙江省的东部(平湖、嘉兴、嘉善、桐乡、海盐和海宁)。各气象站点的年平均相对湿度在 71.2%~78.8%,其中最高值出现在上海市的奉贤站,最低值在江苏省的丹徒站。单从太湖来看,相对湿度整体呈现从东北向西南逐渐增大的特征。

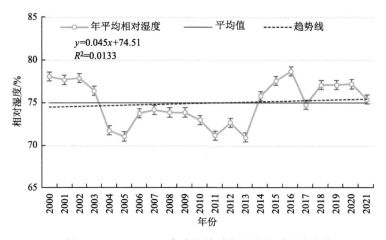

图 1.9 2000—2021 年太湖流域年平均相对湿度变化

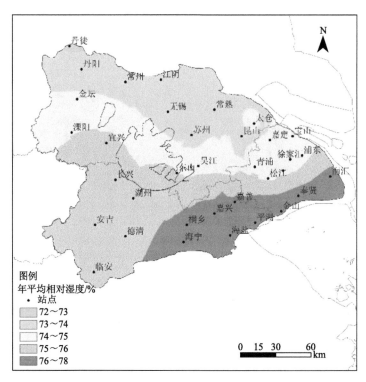

图 1.10 2000—2021 年太湖流域年平均相对湿度空间分布图

4. 风向风速

受全球气候变化和人类活动的影响,太湖流域年平均风速呈逐渐降低趋势(图 1.11)。以东山站为例,2000—2021 年,年平均风速以每年 0.038 m·s^{-1} 的速率波动下降,其中 2000 年和 2001 年最高,为 3.4 m·s^{-1};2019 年和 2015 年风速最低,仅为 2.5 m·s^{-1}。从风向的分布来看,近 20 年,太湖流域风向特征变化不明显,总体上以东南偏东风向为主。以 2003 年、2009 年、2015 年和 2021 年为例,可以发现,2003 年东山站主导风向为东南东风,2009 年逐渐偏向偏东风,2015 年和 2021 年主导风向又以东南东风为主(图 1.12)。

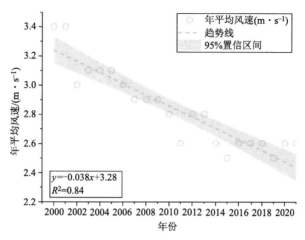

图 1.11　2000—2021 年太湖流域年平均风速变化

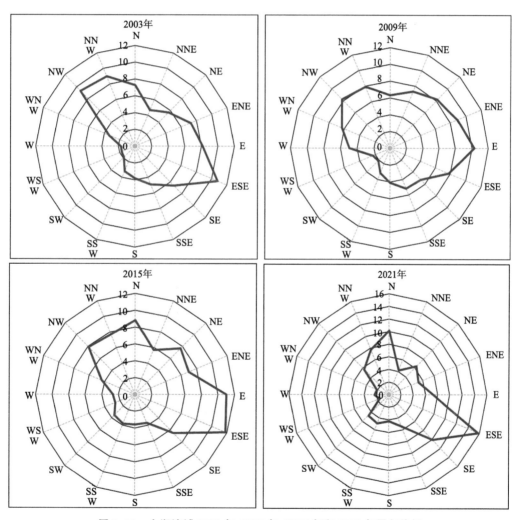

图 1.12　太湖流域 2003 年、2009 年、2015 年和 2021 年风向特征

5. 日照特征

2000—2021 年太湖流域年累计日照时数波动明显。根据年累计日照数据统计结果（图

1.13),2000—2021 年太湖流域年累计日照时数的平均值为 1862.9 h,历年累计日照时数位于
1578.7 h(2015 年)～2186.2 h(2013 年),从图 1.13 中可以看出,2004 年、2005 年和 2013 年
的日照时数显著高于平均值,分别偏高了 14%、10% 和 17%;2014 年以后,大部分年份的日照
时数均小于平均值,其中 2015 年和 2016 年偏少最明显,分别偏少了 15% 和 10%。2000 年以
来太湖流域日照时数总体上呈波动下降趋势。另外,日照时数的年际变化与降水量总体呈相
反态势,日照时数低的年份,降水量较多,反之则较少。

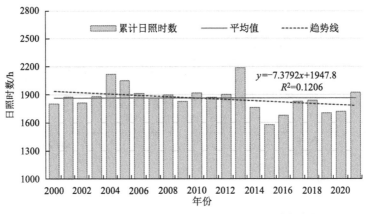

$$y = -7.3792x + 1947.8$$
$$R^2 = 0.1206$$

图 1.13　2000—2021 年太湖流域年累计日照时数变化

1.7.2　季节变化特征

气象学上四季的划分通常以每年 3—5 月为春季、6—8 月为夏季、9—11 月为秋季、12 月
至次年 2 月为冬季。本书所称的 4 个季节即按此标准划分。

1. 春季气候变化特征

太湖流域春季平均气温总体上呈现显著波动上升的趋势(图 1.14)。2000—2021 年太湖
流域春季平均气温为 16.2 ℃,最高值出现在 2018 年,为 17.6 ℃,最低值出现在 2010 年,仅为
14.3 ℃,显著小于其他年份。2000 年以来太湖流域春季的平均气温总体上呈现显著波动上升
的趋势,平均上升速率为 0.38 ℃·(10 a)$^{-1}$。从空间分布来看(图 1.15),春季气温呈现由东

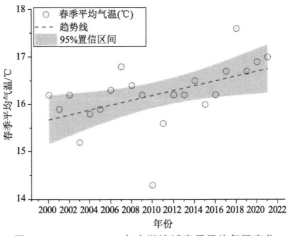

图 1.14　2000—2021 年太湖流域春季平均气温变化

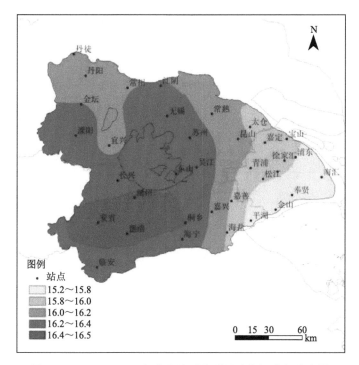

图 1.15　2000—2021 年太湖流域春季平均气温空间分布图

向西递增的特征,其中上海东部的南汇、奉贤和金山,浙江东部的平湖为低值区,位于 15.2~
15.8 ℃;浙江西部的湖州、安吉和德清为高值区,春季平均气温在 16.4~16.5 ℃。

　　太湖流域春季降水量波动明显(图 1.16)。2000—2021 年流域春季平均降水量为 288.1 mm,约
占全年的 22.2%,其中春季降水量最多年份是 2002 年,为 498.9 mm,最少的年份是 2011 年,
为 130.9 mm。2000 年以来,太湖流域春季的降水量总体上呈现小幅波动上升的趋势,平均上
升速率为 17.1 mm·(10 a)$^{-1}$。

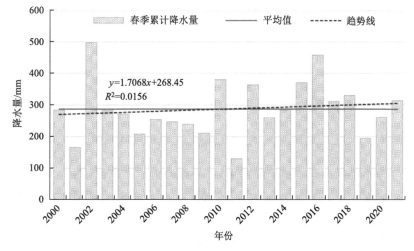

图 1.16　2000—2021 年太湖流域春季累计降水量变化

　　太湖流域春季相对湿度波动较大(图 1.17)。2000—2021 年,太湖流域平均相对湿度
71.2%,其中平均相对湿度最大的年份是 2002 年,为 80.5%,平均相对湿度最小的年份是

2011年,为62.7%。2000年以来,太湖流域春季的平均相对湿度变化趋势不明显,总体稳定在平均值附近上下波动。

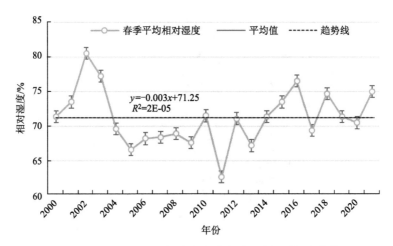

图1.17 2000—2021年太湖流域春季平均相对湿度变化

太湖流域春季累计日照时数波动较大(图1.18)。2000—2021年太湖流域春季平均累计日照时数为503.5 h,其中最高值出现在2011年,为600.4 h,最低值出现在2002年,为339.0 h。分段看,2002—2005年春季累计日照时数呈明显的上升趋势,从2002年的339.0 h增加到2005年的587.8 h,增幅达73%,2011—2016年春季累计日照时数呈明显的下降趋势,从2011年的600.4 h减少到2016年的416.7 h,降幅达44%,其他年份变化相对平缓。

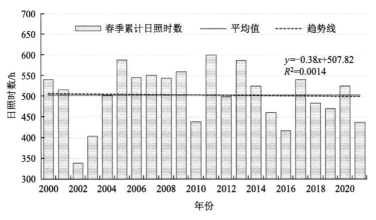

图1.18 2000—2021年太湖流域春季累计日照时数变化

太湖流域春季平均风速呈明显下降趋势,主导风向为东南东风(图1.19)。春季是蓝藻水华的复苏期,适宜的风速有利于蓝藻的复苏生长。2001—2021年春季太湖流域平均风速多年平均值为2.7 m·s^{-1},其中,2000年平均风速最高,达到3.4 m·s^{-1},2019年风速最低为2.1 m·s^{-1},仅为最高风速的62%。2000年以来,太湖流域春季平均风速呈显著下降趋势,年均减少0.049 m·s^{-1},主导风向为东南东风。

2. 夏季气候变化特征

太湖流域夏季平均气温总体呈小幅波动上升趋势(图1.20)。2000—2021年太湖流域夏

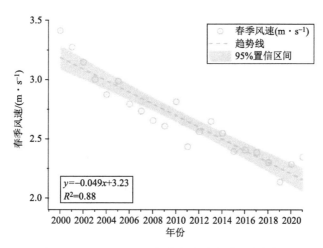

图 1.19 2000—2021 年太湖流域春季风速变化

季平均气温为 27.5 ℃,最高值出现在 2013 年,为 28.9 ℃,最低值出现在 2014 年,仅为 25.9 ℃,显著小于其余年份。2000 年以来太湖流域夏季的平均气温总体上呈现小幅波动上升趋势,平均上升速率为 0.05 ℃·(10 a)$^{-1}$。从空间分布来看,夏季平均气温的空间分布呈现中部高,渐向东、西两侧缓减的特征,其中江苏省的苏州、吴江和东山等地为高值区,平均气温在 27.6 ℃~27.7 ℃;上海市东部的南汇、奉贤和金山等地以及浙江省西部的安吉和临安为低值区,平均气温位于 27.1 ℃~27.3 ℃(图 1.21)。

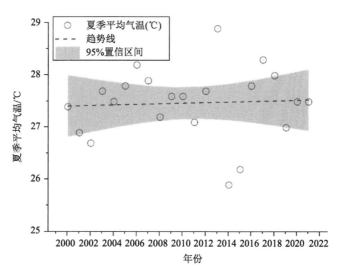

图 1.20 2000—2021 年太湖流域夏季平均气温变化

太湖流域夏季累计降水量呈显著波动上升趋势(图 1.22)。2000—2021 年太湖流域夏季平均累计降水量为 557.8 mm,占全年的 43.0%,其中累计降水量最多年份是 2020 年,为 855.2 mm,降水量最少的年份是 2004 年,为 362.4 mm。2000 年以来太湖流域夏季的累计降水量总体上呈现显著波动上升趋势,平均上升速率为 149 mm·(10 a)$^{-1}$。

太湖流域夏季平均相对湿度波动不大(图 1.23)。2000—2021 年太湖流域夏季平均相对湿度为 78.0%,其中最高值出现在 2020 年,为 82.3%,最小值出现在 2013 年,为 70.3%。

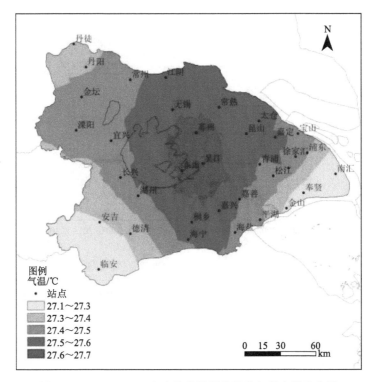

图 1.21　2000—2021 年太湖流域夏季平均气温空间分布图

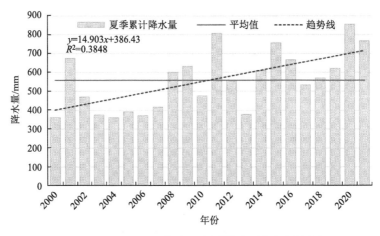

图 1.22　2000—2021 年太湖流域夏季累计降水量变化

2003—2013 年以及 2017—2019 年，夏季平均相对湿度均处于 78% 平均值以下，其余年份平均相对湿度较高。与春季相比，夏季平均相对湿度整体增大，区间范围由春季的 62.7%～80.5% 增大到 70.3%～82.3%。

太湖流域夏季累计日照时数总体呈波动下降趋势（图 1.24）。2000—2021 年太湖流域夏季平均累计日照时数为 539.7 h，其中最高值和最低值分别出现在 2013 年和 2014 年，分别为 675.8 h 和 359.3 h。与春季相比，夏季平均累计日照时数整体增加，区间范围由春季的 339.0～600.4 h 增加到 359.3～675.8 h。2000 年以来，太湖流域夏季累计日照时数总体呈波动下降趋势，平均下降速率为 52.7 h·(10 a)$^{-1}$。

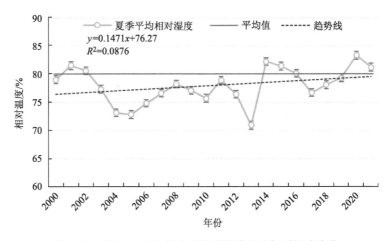

图 1.23　2000—2021 年太湖流域夏季平均相对湿度变化

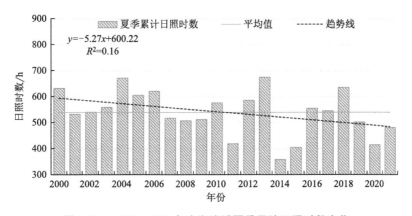

图 1.24　2000—2021 年太湖流域夏季累计日照时数变化

太湖流域夏季平均风速呈显著下降趋势,主导风向为东南东风(图 1.25)。夏季是蓝藻水华的活跃期,适宜的风速有利于蓝藻的发生发展。2000—2021 年夏季太湖流域平均风速多年平均值为 $2.5 \mathrm{~m} \cdot \mathrm{s}^{-1}$,最高值出现在 2000 年,为 $3.3 \mathrm{~m} \cdot \mathrm{s}^{-1}$,最低值出现在 2014 年和 2020

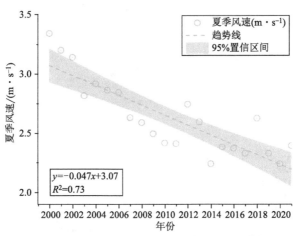

图 1.25　2000—2021 年太湖流域夏季风速变化

年,均为 2.1 m·s^{-1},占最高风速的 63%。2000 年以来,夏季太湖流域平均风速呈明显的波动下降趋势,年平均减少 0.047 m·s^{-1},主导风向为东南东风。

3. 秋季气候变化特征

秋季太湖流域平均气温总体呈波动上升趋势(图 1.26)。2000—2021 年太湖流域秋季平均气温为 18.7 ℃,最高值出现在 2021 年,为 19.8 ℃,最低值出现在 2012 年,为 17.6 ℃。2000年以来太湖流域秋季的平均气温总体上呈现波动上升趋势,平均上升速率为 0.9 ℃·(10 a)$^{-1}$。从空间分布来看,秋季平均气温呈现出由西向东递增的特征,总体与春季的空间分布特征相反,其中高值区位于上海的徐家汇、闵行和宝山等地,平均气温在 19.4~20.0 ℃;低值区出现在浙江的安吉、临安以及江苏的丹徒和宜兴等地,平均气温在 17.8~18.2 ℃(图 1.27)。

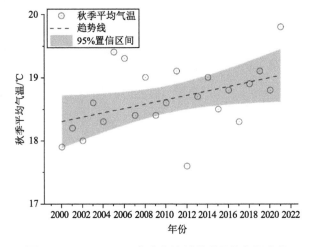

图 1.26　2000—2021 年太湖流域秋季平均气温变化

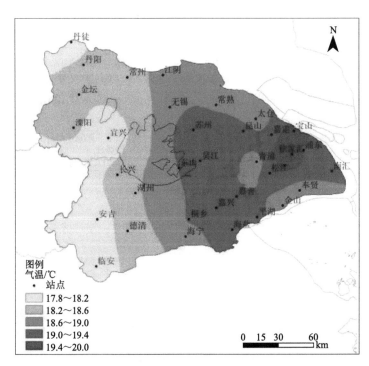

图 1.27　2000—2021 年太湖流域秋季平均气温空间分布图

太湖流域秋季累计降水量总体呈波动上升趋势(图 1.28)。2000—2021 年太湖流域秋季平均累计降水量为 249.3 mm,占全年的 19.2%,其中最高值出现在 2016 年,为 638.3 mm,最小值出现在 2001 年,为 99.8 mm。2000 年以来太湖流域秋季的累计降水量总体呈现波动上升趋势,2000—2012 年这一阶段累计降水量总体偏少,大部分年份低于(249.3 mm)平均线,2013 年以后降水量总体显著增加。

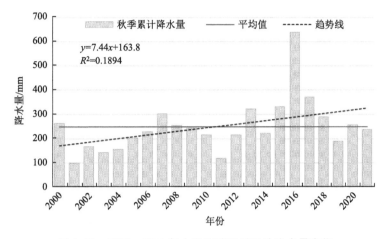

图 1.28　2000—2021 年太湖流域秋季累计降水量变化

太湖流域秋季平均相对湿度波动较小(图 1.29)。2000—2021 年太湖流域秋季平均相对湿度为 76.5%,其中最高值出现在 2016 年,为 83.8%,最小值出现在 2012 年,为 71.3%。秋季相对湿度变化幅度与春季基本持平,波动较小。

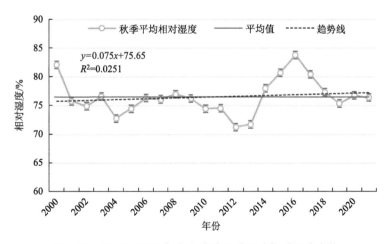

图 1.29　2000—2021 年太湖流域秋季平均相对湿度变化

太湖流域秋季累计日照时数总体呈波动下降趋势(图 1.30)。2000—2021 年太湖流域秋季平均累计日照时数为 454.2 h,其中最高值出现在 2004 年,为 548.3 h,最低值出现在 2002 年,为 333.6 h。分段看,2013—2016 年秋季累计日照时数呈现明显下降趋势,从 2013 年的 544.8 h 减少到 2016 年的 295.2 h,降幅达 85%,随后 2016—2021 年又呈现明显的上升趋势,从 2016 年的 295.2 h 增加到 2021 年的 512.4 h,增幅达 74%,其他年份变化相对平缓。

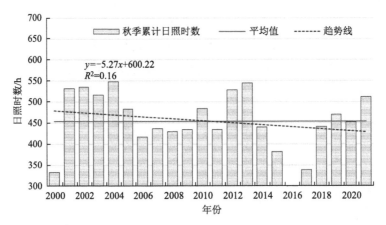

图 1.30　2000—2021 年太湖流域秋季累计日照时数变化

　　太湖流域秋季平均风速呈显著下降趋势,主导风向为北风(图 1.31)。秋季仍然是蓝藻水华的活跃期,适宜的风速有利于蓝藻的发生。2000—2021 年太湖流域秋季平均风速多年平均值为 2.2 m·s^{-1},最高值出现在 2000 年,为 3.1 m·s^{-1},最小值出现在 2019 年,为 1.7 m·s^{-1},仅占最高风速的 55%。2000 年以来,秋季太湖流域平均风速呈显著下降趋势,年均减少 0.044 m·s^{-1},主导风向为北风。

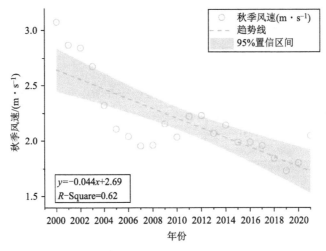

图 1.31　2000—2021 年太湖流域秋季风速变化

4. 冬季气候变化特征

　　冬季太湖流域平均气温总体呈波动上升趋势(图 1.32)。2000—2021 年太湖流域冬季平均气温为 5.6 ℃,最高值出现在 2020 年,为 7.6 ℃,最低值出现在 2012 年,为 4.2 ℃。2000年以来太湖流域冬季的平均气温总体上呈现波动上升趋势,平均上升速率为 1.3 ℃·(10 a)$^{-1}$。从空间分布特征来看,冬季平均气温总体呈现东部高、西部低的特征,出现了 2 个明显的高值区,分别位于上海的宝山、浦东、徐家汇和闵行等地,以及江苏的苏州、吴江和浙江的嘉善、嘉兴、桐乡和海盐,其平均气温介于 6.0～6.7 ℃;低值区位于太湖流域西北部,包括浙江的长兴和江苏的丹徒、丹阳、金坛、常州、溧阳、宜兴等地,其平均气温在 4.7～5.4 ℃(图 1.33)。

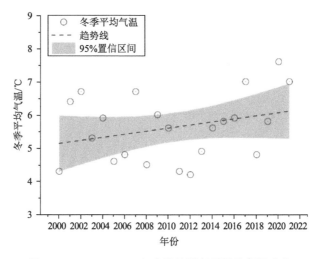

图 1.32　2000—2021 年太湖流域冬季平均气温变化

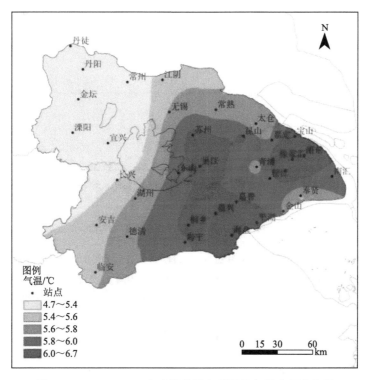

图 1.33　2000—2021 年太湖流域冬季平均气温空间分布图

冬季太湖流域累计降水量相对稳定(图 1.34)。2000—2021 年太湖流域冬季累计降水量为 200.5 mm,占全年的 15.5%,其中最高值出现在 2019 年,为 362.0 mm,最低值出现在 2021 年,仅为 92.6 mm。2000 年以来,太湖流域冬季累计降水量无明显变化趋势,总体保持相对稳定。

太湖流域冬季平均相对湿度波动较小(图 1.35)。2000—2021 年太湖流域冬季平均相对湿度 74.4%,其中最大值出现在 2019 年,为 83.3%,最小值出现在 2011 年,为 66.1%。2000 年以来,太湖流域冬季平均相对湿度无明显变化趋势,总体保持相对稳定。

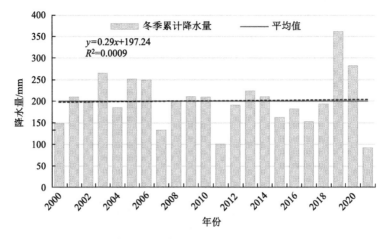

图 1.34　2000—2021 年太湖流域冬季累计降水量变化

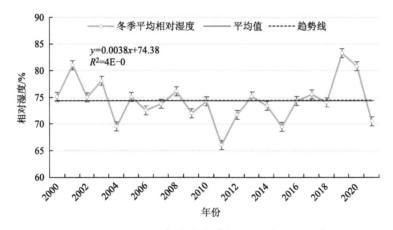

图 1.35　2000—2021 年太湖流域冬季平均相对湿度变化

　　太湖流域冬季累计日照时数波动相对平缓(图 1.36)。2000—2021 年太湖流域冬季平均累计日照时数为 362.9 h,其中最高值出现在 2011 年,为 454.5 h,最低值出现在 2019 年,为 185.6 h。与其他季节相比,太湖流域冬季累计日照时数变化相对平缓,无明显变化趋势。

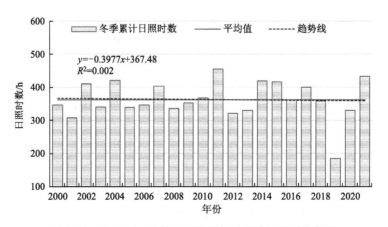

图 1.36　2000—2021 年太湖流域冬季累计日照时数变化

太湖流域冬季平均风速呈显著下降趋势,主导风向为北北西风(图 1.37)。冬季是蓝藻水华的越冬期,蓝藻水华逐渐进入衰败期。2000—2021 年太湖流域冬季平均风速的多年平均值为 2.3 m·s⁻¹,最高值出现在 2001 年,为 3.2 m·s⁻¹,最低值出现在 2019 年,为 1.9 m·s⁻¹,仅占最高风速的 59%。2000 年以来,太湖流域冬季平均风速呈显著下降趋势,年均减少 0.047 m·s⁻¹,主导风向为北北西风。

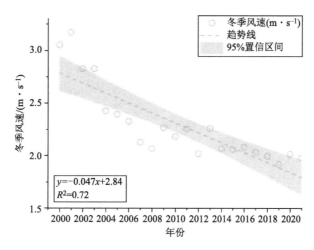

图 1.37　2000—2021 年太湖流域冬季风速变化

1.7.3　月际变化特征

太湖流域月平均气温年际变化明显。图 1.38 给出了 2000—2021 年太湖流域逐月平均气温变化情况,可以看出近 20 年月平均气温 7 月最高,为 29.0 ℃,1 月最低,为 4.2 ℃;2 月标准差最大,为 1.83 ℃,表明 2 月气温在年际尺度变化较大,6 月标准差最小,为 0.76 ℃,表明 6 月气温变化相对保持稳定。从 2000—2021 年太湖流域月平均气温热力图(图 1.39)可以看出,总体上太湖流域每年的月平均气温变化保持稳定,但逐月的年际变化却表现出显著差异,如 2007 年 1—2 月平均气温明显偏高,相应的 2007 年蓝藻水华面积显著偏大,2013—2017 年的 1—2 月平均气温持续偏高,这可能是导致 2017 年蓝藻水华再次大暴发的原因之一;2013年 7—8 月平均气温显著高于其余年份,与之对应的,当年的夏季蓝藻水华累计面积明显偏小,

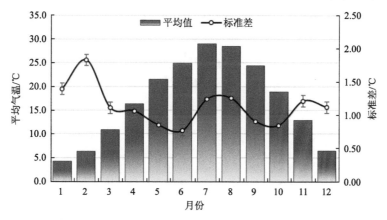

图 1.38　2000—2021 年太湖流域平均气温逐月变化

但发生频次依然较多,这是由于高温会在一定程度上抑制大面积蓝藻水华发生,使得蓝藻水华发生频次多,但面积小(图 1.39)。

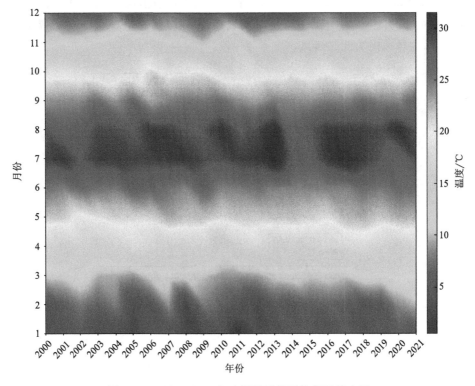

图 1.39　2000—2021 年太湖流域月平均气温热力图

太湖流域月平均降水量差异显著。图 1.40 给出了 2000—2021 年太湖流域逐月平均降水量变化情况,可以看出,最高值出现在 6 月,为 202.3 mm,最低值出现在 12 月,为 51.9 mm;6月的标准差最大(101.2 mm),表明 6 月降水量在年际尺度变化明显,而 1 月的标准差最小(38.4 mm),表明 1 月降水量变化相对保持稳定。2000—2021 年太湖流域月平均降水量热力图(图 1.41)给出了逐月降水量在年际尺度的分布特征,可以发现,2003—2007 年各月份均没有出现明显降水高值区,表明这几年降水持续偏少,可以认为持续的降水偏少是可能导致 2007

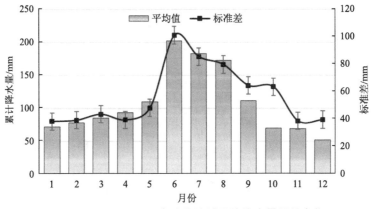

图 1.40　2000—2021 年太湖流域平均降水量逐月变化

年太湖蓝藻水华大暴发的诱因之一。另外,每年降水量高值出现的月份均有所不同,一般来说,6 月或 7 月出现高值的频次较多,这是由于江淮"梅雨"天气所致,而 2020 年的 6 月和 7 月均出现了明显的高值,降水量显著高于其余年份,这是由于当年出现了史上最长"梅雨",有的年份 8 月、9 月,甚至 10 月也出现高值,这是由于 8 月的"倒黄梅"或 9—11 月的"秋台风"的影响导致。

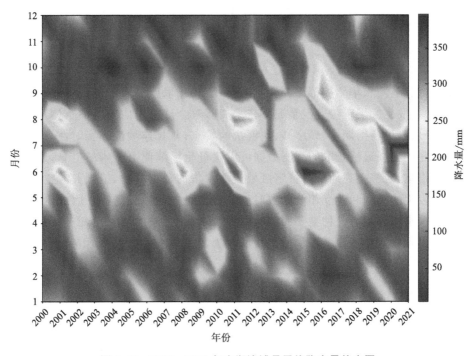

图 1.41　2000—2021 年太湖流域月平均降水量热力图

太湖流域月平均相对湿度变化幅度较小(图 1.42)。2000—2021 年太湖流域月平均相对湿度在 70.3%～78.7%波动,最高值出现在 6 月,最小值出现在 4 月,6—11 月维持一个较高的水平,其余月份相对偏低;标准差最高值出现在 12 月,为 6.6%,表明近 20 年 12 月的平均相对湿度变化幅度最明显,最小值出现在 9 月,为 2.7%,表明近 20 年 9 月的平均相对湿度变化相对保持稳定。

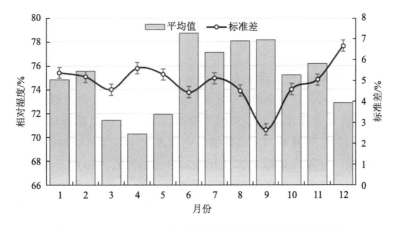

图 1.42　2000—2021 年太湖流域平均相对湿度逐月变化

第2章　太湖蓝藻水华卫星遥感监测方法

　　水环境治理和蓝藻水华防控都需要及时监测,准确获取蓝藻水华的信息,包括面积、位置和强度等,评估其发生发展趋势。卫星遥感技术能够对全球范围内的湖泊水体进行全天候的监测,在数据获取上具备周期短、频率高、速度快的特点,兼具连续性和实时性,同时具有成本低廉等优势。利用卫星遥感获取的观测数据可以定量化反演蓝藻水华的信息,连续的长时间序列的影像数据集,能够直观地反映特定区域蓝藻水华的动态变化,追溯其时空变化规律,为研究蓝藻水华发生的机理和建立相关的应对机制提供科学的数据支撑。因此,卫星遥感观测方法已成为蓝藻水华监测的一种主要的和不可替代的手段。本章主要介绍基于我国自主研发的风云气象卫星观测数据的蓝藻水华监测技术方法,这些方法已在业务服务中得到广泛应用。

2.1　太湖蓝藻简史

　　蓝藻是地球上最古老的原核生物之一,也是长盛不衰、延续至今的生物,更是第一个获得地球外能量的自养生物,为改变地球海洋和大气环境,建立有利于真核生物演化的有氧环境做出了关键贡献。然而,在富营养化的水体中,蓝藻的过度繁殖导致水华,带来严重的经济和社会问题。自20世纪50年代开始,太湖五里湖和梅梁湾出现了蓝藻水华,此后,蓝藻水华主要出现在太湖局部湖区,直至20世纪80年代初蓝藻发展出现了突变,开始出现大面积蓝藻水华现象,之后几乎每年都有大面积的蓝藻水华出现。2007年蓝藻水华大规模暴发引发了饮用水危机,敲响了太湖生态警钟,政府和社会意识到太湖水环境和蓝藻水华成为亟须解决的生态环境问题。

2.1.1　蓝藻是什么

　　蓝藻,中文学名为蓝细菌,拉丁学名 Cyanobacteria,又名蓝藻、蓝绿藻(blue-green algae),是一类进化历史悠久、革兰氏染色阴性、无鞭毛、含叶绿素 a,但不含叶绿体(区别于真核生物的藻类)、能进行产氧性光合作用的大型单细胞原核生物。蓝藻包括蓝球藻、颤藻、念珠藻等,蓝藻门分为两纲,分别是色球藻纲和藻殖段纲。色球藻纲藻体为单细胞体或群体,藻殖段纲藻体为丝状体,有藻殖段。蓝藻在地球上大约出现在距今35亿～33亿年前,已知蓝藻约2000种,中国已有记录的约900种。蓝藻分布极广,普遍生长在淡水、海水和土壤中,并且在极端环境(如温泉、盐湖、贫瘠的土壤、岩石表面或风化壳中以及植物树干等)中也能生长,故有"先锋生物"的美称。许多蓝藻类群具有固氮能力,一些蓝细菌还能与真菌、苔藓类、苏铁类植物、珊瑚甚至一些无脊椎动物共生。如地衣即被看作是真菌与蓝藻共生的特殊低等植物。有些蓝藻可生活在 60～85 ℃的温泉中,有些种类和菌、苔藓、蕨类和裸子植物共生,有些还可穿入钙质岩石或介壳中或土壤深层中。蓝藻的繁殖方式有 2 类,一为营养繁殖,包括细胞直接分裂、群体破裂和丝状体产生藻殖段等几种方法;另一种为某些蓝藻可产生内生孢子或外生孢子等,以进行无性生殖。孢子无鞭毛。蓝藻具有一般藻类的生长特点,其生长期大概为 30 天。

2.1.2　蓝藻的作用

蓝藻是地球上最古老的生物之一,它是一种原核生物,广泛分布于淡水、咸淡水、海水和陆生环境等各类生态系统中,被认为是地球上最早出现的光合自养生物——可利用太阳光将二氧化碳还原成有机碳化合物,并释放出自由氧。亿万年来,蓝藻默默地为地球提供着氧气,是地球大气圈的主要缔造者之一。正因为蓝藻的制氧特性,才奠定了后来地球上其他生物生存的基础。它帮助地球建立了早期相对稳定的生态系统,为今日较低二氧化碳含量、较高自由氧的大气圈创造了条件,形成了覆盖海洋和陆地的生物圈。

谢平(2007)在其所著的《论蓝藻水华的发生机制——从生物进化、生物地球化学和生态学的视点》一书中详细阐述了蓝藻对地球生命系统的贡献。蓝藻既是默默耕耘的"奠基者",营造了地球大氧化环境,也是创造者,拥有了"化工厂"的功能,学会了自我营养。蓝藻为改变地球海洋和大气环境,建立有利于真核生物演化的有氧环境做出了关键贡献。可以说,没有蓝藻就没有今日地球之环境,也就没有我们人类诞生的可能。

蓝藻具有极强的生命力。在地球生命诞生后的最初十几亿年中,蓝藻是最具统治力的生物。它与异养细菌共同构成了早期生物界二极生态体系,并在后来漫长的演化中香火不断,一直扮演着地球生物圈的"保护神"。迄今为止,蓝藻约有 2000 种,分布遍及世界各地,约 75％为淡水产,少数海产。目前,人类已在深海温泉和莫哈韦沙漠内部的岩石中,都发现有蓝藻的生长。蓝藻是目前地球上唯一已知的、能产生氧气的光合自养型微生物,也是地球上最原始的微生物之一。蓝藻具有比植物更加高效的光合作用,是地球上绿色光合植物的祖先,地球富含的氧气主要由蓝藻贡献。蓝藻的光合作用具有划时代意义,最终引发了大氧化事件的产生,产生了一系列影响深远的自然界和生物界的演化。倘若没有蓝藻释放氧气,真核细胞不可能产生,生物也很难大型化,遮挡有害紫外线的臭氧层也无法形成,生物更不可能在陆地上开辟新的生态系统。科学家研究表明,光合作用使得地球生物开始利用地球外的能量,有效地弥补了地球上有限的资源,有力推动了地球生物圈的繁荣。

总之,蓝藻的光合作用在地球大气环境有氧化的进程中起到了十分重要的作用,不仅孕育了喜氧真核生物的诞生,而且也是无机态的碳进入生物圈的重要途径,间接地促使了铁矿等矿产资源的产生,并为后来历次生物大灭绝后生物复苏过程中有氧环境的再造做出了贡献。

2.1.3　蓝藻的危害

蓝藻的生长与水华的形成与水环境关系密切,在适宜的环境条件下,蓝藻生长旺盛,在短时间内暴发性增殖形成蓝藻水华,能使水色变蓝或其他颜色,并且会发出草腥味或霉味,导致水质恶化,引起一系列环境问题。

蓝藻会产生大量有毒、有害物质危害动植物和人类。在蓝藻繁殖过程中,会不断地向水体分泌藻毒素的有毒代谢物质。蓝藻产生的生物毒素包括:神经毒素、肝毒素、细胞毒素及内毒素等,对人体及动物的健康或安全构成危险。家畜及野生动物饮用了含蓝藻毒素的水后,会出现腹泻、乏力、厌食、呕吐、嗜睡、口眼分泌物增多等症状,严重的情况下会导致养殖的动物直接死亡。蓝藻毒素对皮肤有刺激作用,当蓝毒素细胞破裂或死亡时,以上分类的毒素就会被释放到水中。藻毒素还会对人类造成危害。微囊藻能分解一种有毒物质—藻青肮,对浮游动物和仔鱼的生长有抑制作用,如果被人体摄入,将对人体健康造成严重损害。此外,蓝藻代谢产物之一的亚硝酸又是强致癌物质亚硝胺的前身,其在鱼体内积累,会对人们的食用安全造成重大隐患。蓝藻的藻毒素会影响浮游生物的种群演替、繁殖周期,还会引起一些浮游动物的大量死亡。

蓝藻消耗水中的溶解氧容易造成缺氧。蓝藻大量繁殖时,蓝藻水华在水面上阻挡了水体和空气进行气体交换,阻挡溶解氧进入水体,导致水中溶解氧降低。大量的蓝藻晚上会产生过多的二氧化碳,消耗大量氧气,而且当白天蓝藻进行强烈光合作用时,pH 值可以上升到 10 左右,可使鱼体硫胺酶活性增加,在硫胺酶的作用下,维生素 B_1 迅速发酵分解,使鱼缺乏维生素 B_1,会导致中枢神经和末梢神经系统失灵、兴奋增加、急剧运动、痉挛、身体失去平衡。

蓝藻过度繁殖会挤压其他生物的生存空间,破坏平衡。蓝藻大量繁殖形成的水华,恶化了池塘的通风和光照条件,抑制了鱼池中浮游生物有益种类生长繁殖,阻碍水藻的光合作用,挤占鱼类易消化藻类的生存空间,使之不能合成本身所需的营养成分而死亡。蓝藻大量繁殖后很快就会成为绝对优势种群以及过度繁殖,其后大量的蓝藻死亡分解也会消耗大量的溶氧,释放大量羟胺、硫化氢等有毒物质,挤压其他藻类的生存,抑制其他藻类的繁殖,造成水体中浮游植物锐减。水体中缺乏浮游植物,进行光合作用产氧过程减弱。而养殖水体中 95％的溶解氧来源于浮游植物的光合作用,在严重缺氧和有毒物质并存的条件下,鱼、虾、蟹类会大量死亡。

2.1.4 蓝藻水华的成因

蓝藻水华的发生机制和过程科学界至今尚不十分清楚,经典的光照调节机制并不能合理地解释太湖蓝藻水华"暴发"的现象,使得对太湖蓝藻水华开展监测、调查、模拟与预测都非常困难(孔繁翔 等,2005;Qin et al.,2007;Li et al.,2019)。蓝藻水华作为蓝藻种群数量超常规积累的现象,其发生发展也有一定规律可循。蓝藻水华发生的内因是其在长期进化过程中形成的生理生态特征,环境因子是蓝藻水华发生的外因,环境因子通过作用于生理生态特征而形成蓝藻水华。蓝藻对环境有很强的适应性。蓝藻特殊的生理生态特征,适合在高温环境和强光环境下生长,代谢水平极低。主要捕光天线为藻胆蛋白,能更有效地利用光能。形成水华的蓝藻多数具有伪空泡,这有助于其在水体中的垂直移动,特别是分层水体。这种伪空泡是由许多内空的蛋白膜小体构成,形成了气体载体从而具有悬浮能力,通过光合作用调节蛋白膜小体中的蛋白含量,从而调节其悬浮能力。蓝藻水华发生的外因与水体的性质有关,可以是物理、化学和生物方面的。蓝藻之所以能够暴发性生长形成水华,一方面与蓝藻本身的生理特征有关,另一方面与水环境中物理、化学和生物等因素有关。孔繁翔等(2005)认为,导致形成蓝藻水华的因素主要包括物理因素、化学因素和生物学因素等。

1. 物理因素

(1)水温

温度决定细胞内酶的活性及反应速率,影响藻类的光合作用、呼吸作用强度,决定着藻类的生长发育并限定其分布。日本学者 Takemura et al.(1985)研究表明:水温低于 4 ℃时,藻类光合作用完全被抑制;水温处于 4～11 ℃时,光合作用基本被抑制;温度高于 11 ℃后,光合作用的效率与温度呈线性关系。有关实验表明,微囊藻的最佳生长温度高于其他藻类,最适生长温度范围为 30～35 ℃,对高温具有良好的适应性,且其光合作用随温度升高显著增强。水库中的围隔实验证实,当水温为 26 ℃时,最适宜微囊藻的聚集、上浮而形成水华。夏季池塘水温给蓝藻生长提供了良好的时机。

(2)光照

光是藻类生长的关键限制因子之一。蓝藻是一种利用光能将二氧化碳(CO_2)转化为生物质并产生氧气的自养细菌,没有光照就无法进行光合作用。蓝藻细胞体内除了叶绿素外,还同时具有藻胆蛋白(包括藻蓝蛋白、别藻蓝蛋白),这些色素使得蓝藻可以利用其他藻类所不能利用的绿、黄和橙色部分的光,从而比其他藻类具有更宽的光吸收波段,能更有效地利用水下光的有效光辐射并可以生长在仅有绿光的环境中。此外,长期暴露在强光条件下对许多藻类来说可能是致命的,但微囊藻通过增加细胞内类胡萝卜素的含量而保护细胞免受光的抑制,因此,蓝藻对强光也有较大的忍受性。

(3)水体 pH 值

水体 pH 值与藻类生长关系密切。水生态系统中,藻类光合作用影响 CO_2 缓冲体系,从而影响水体的 pH 值。藻类生长过程中,能够利用水体中 CO_2 进行光合作用,并通过吸收水体中的有机酸和重碳酸盐引起 pH 值升高,同时也可通过呼吸作用产生 CO_2 导致 pH 值下降。pH 值影响藻类生长繁殖速度,碱性环境条件下,藻类易于捕获大气中的 CO_2,光合作用进行顺利,具有较高的生产力。蓝藻偏好较高的 pH 值,pH 值在 8.0～9.5 间会促进蓝藻的发生。

2. 化学因素

由于蓝藻水华通常出现在富营养化的湖泊中,人们通常假设它们的生长可能需要较高的磷、氮浓度支撑。事实上,伴随着湖泊的富营养化,尤其是水体中磷浓度的增加,通常会导致水体中浮游植物的种群组成朝着形成水华的蓝藻演替。同时,水体中总氮总磷比也会显著影响着浮游植物的种群组成。

(1)氮

氮是淡水藻类生长的必需营养元素。氮的来源较广泛,某些藻类可以通过固氮作用将空气中的 N_2 转化成可利用的形态氮。微囊藻的最大现存量与特定增长率随着总氮浓度升高而升高,当总氮质量浓度区间为 $0.1～2.0\ mg \cdot L^{-1}$ 时,是其特定快速增长期。$0.5～8.0\ mg \cdot L^{-1}$ 的 NO_2-N 可激活微囊藻的亚硝酸氧化酶和亚硝酸还原酶,促进铜绿微囊藻生长。除浓度外,氮的形态也影响微囊藻的营养盐吸收和利用速率。高氨氮条件下易诱发微囊藻水华。

(2)磷

水体磷浓度较高,有利于微囊藻的生长。当 TP(总磷)$\leqslant 0.045\ mg \cdot L^{-1}$ 时,藻的生长会受到磷限制,然而过高的磷输入(TP$\geqslant 1.65\ mg \cdot L^{-1}$)不能明显促进藻生长。研究认为,磷浓度达到 $0.02\ mg \cdot L^{-1}$ 时,磷对微囊藻的生长具有一定的促进作用;而当磷的浓度高于 $0.2\ mg \cdot L^{-1}$ 时,磷浓度继续上升对蓝藻生长的影响并不会继续增大。

微囊藻比其他藻类具有更强的储存磷的能力,它们可以在细胞中储存足够的磷(够细胞分裂 2～4 次),对磷和氮等营养盐的结合力比其他藻类高。这些特点使得它们可以更有效地利用磷,尤其在氮、磷限制的条件下,具有比其他藻类更高的竞争力。因此,在许多氮、磷浓度较低的水体中,也时常可以见到蓝藻的水华。

（3）氮磷比

水生生态系统中，除氮、磷浓度和形态外，氮磷比率（N/P）直接影响藻类生长、细胞组成及对营养摄取能力，总氮总磷比也会显著影响浮游植物的种群组成，通常认为在 TN：TP＜29（TP 为总磷，TN 为总氮）的情况下，可以形成水华的蓝藻会占优势，但较低的 TN：TP 并不是蓝藻水华形成的条件，而是蓝藻水华产生的结果。

（4）微量元素

水体微量元素充足时可能促进蓝藻水华的形成。实验证明蓝藻比真核微藻需要更多的微量元素。

3. 生物因素

现有的研究大多关注蓝藻本身的生理生态特征在形成优势种群过程中的作用。

（1）光合色素

蓝藻虽无叶绿体，但在电镜下可见细胞质中有很多光合膜，叫类囊体，各种光合色素均附于其上，光合作用过程在此进行。蓝藻细胞中的光合色素有 3 种，除了叶绿素 a，还有类胡萝卜素和藻胆素。蓝藻是最早的光合放氧生物，对地球表面从无氧的大气环境变为有氧环境起了巨大的作用。

（2）气囊

蓝藻具有气囊（伪空泡），使得它们能够悬浮在水中，同时可以通过调节浮力来控制它们在水体中的垂直分布、昼夜迁移及形成水华的能力。这种通过浮力的控制使得它们能更好地适应环境的变化，例如：漂浮到表层，增加获得光照的条件、迁移到营养盐较适宜的位置，增加营养盐供给。

（3）胶鞘

几乎所有蓝藻都有胶质包被，胶质包被由微原纤维构成。胶质具有重要的生理生态功能：藻丝运动、垂直分布的调节、营养储存、营养物质的螯合与加工、代谢的自我调节、防御氧的侵害、防御金属的毒性、防御草食性牧食和防御被消化。这些功能可能使得蓝藻在与其他浮游植物的竞争中占优势而形成水华。微囊藻的群体是不定形的胶鞘包裹着多个细胞，通过细胞分裂和胶鞘形成，形成了细胞数量很多的群体，最多可达数万个，不仅增强了下沉和上浮的速度，而且减少了沉积的损失。蓝藻的这种能够进行垂直迁移的特性，使得它们在与其他藻类竞争营养盐，尤其是在竞争光的方面具有明显的优势。

（4）CO_2 浓缩机制

蓝藻能高效吸收浓缩低浓度的 CO_2 在细胞内积聚比外界高几百到几千倍的 CO_2 浓度。因此蓝藻不仅能在低 CO_2 浓度环境下竞争，还能在蓝藻占优势的情况下将 CO_2 浓度降到自身仅能利用的水平来确保其优势。另外，蓝藻由于漂浮能力，漂浮到水面可以利用大气中的 CO_2，因此更具优势。群体微囊藻对无机碳的高利用率有可能在不同种微囊藻水华的维持中起到了一定的作用。具有 CO_2 浓缩机制的蓝藻通过以上行为不断占据优势，大量繁殖形成水华。

（5）休眠

在水华形成期间和水华形成以后，尤其是当生长环境条件不利时，微囊藻会聚集进入休眠状态而沉降到相对黑暗、厌氧的表层沉积物中。在这种特殊的环境条件，细胞内贮存的丰富有机物可能为微囊藻的休眠细胞提供了复苏和生长基础。微囊藻的这种生活策略不仅会影响水体中微囊藻的种群变动，而且可能有助于其越过环境条件恶劣的冬季。

(6)产生毒素

常见的水华蓝藻几乎都能产生毒素,会对人类和动物的健康及生命构成严重威胁。可能是蓝藻在自然环境中应对其他浮游植物竞争和被捕食的重要生存竞争策略。微囊藻毒素对微囊藻群体形成的影响是非常重要的,并因此获得压倒其他浮游植物的竞争优势。

(7)贮藏营养物质

蓝藻细胞可以贮藏过量的营养物质以供环境中营养物质减少时利用。研究发现,当胶刺藻下沉在沉积物表面时吸收了大量的磷,贮藏在细胞内,到藻群体萌发向水面迁移时为细胞生长提供磷源。蓝藻通过在营养充足时过量吸收而大量生长而形成水华。

(8)环境适应能力

蓝藻具有对低光强、低温和紫外线等恶劣环境的适应能力。蓝藻细胞不仅含有叶绿素 a、类胡萝卜素,还有多种辅助捕光色素,如藻蓝素、藻红素和别藻蓝素等,能有效地捕获光能,在不同深度的水柱中都可以生存,在光密度较低的条件下能利用一些特殊波长的光能,因而比其他藻类有较高的生长速率,从而形成水华。在自然环境中,蓝藻必须面临昼夜交替的过程,它们可能会长期或周期性地处于一种厌氧的环境中。在这种条件下,蓝藻以发酵的形式,分解、利用光合作用时积累在细胞体内的糖原作为能量来源,从而可以维持其生命活动并生长良好。而不具备这种能力的其他藻类在暴露于黑暗、厌氧条件下 2~3 h 后,细胞就会死亡和裂解。在强光条件下暴露的藻类细胞可能致死,但微囊藻通过增加细胞内类胡萝卜素的含量而保护细胞免受光的抑制,对强光有较大的忍受性。紫外线 UV-A 和 UV-B 辐射是对生命系统有害的,会造成生物大分子的损伤。紫外线照射时,蓝藻的代谢合成一种氨基酸(MAAs),具有防止紫外线伤害的作用。因此,相对于其他藻类,蓝藻更容易在烈日炎炎的夏季形成水华。

2.1.5　太湖蓝藻的历史

根据谢平(2008)所著《太湖蓝藻水华的历史发展与水华灾害》,太湖蓝藻的历史大致可以分成以下几个阶段:

1950—1951 年,中国科学院水生生物研究所对五里湖浮游植物的种类组成和密度进行了调查,这是有关太湖蓝藻研究的最早报道。五里湖浮游植物的数量以春季最多,秋季最少。冬季以硅藻为主,主要出现小环藻、舟形藻;春季、秋季以隐藻为主,以隐藻属为主。而夏季蓝藻数量最多,以色球藻属的微小色球藻为主,螺旋鱼腥藻和卷曲鱼腥藻次之。20 世纪 50 年代,太湖五里湖的浮游植物以隐藻和硅藻占优势,夏季虽然蓝藻数量最多,但主要由小型种类色球藻组成,形成水华的微囊藻常见但数量不多。20 世纪 60 年代,西部湖区夏季蓝藻数量占绝对优势,占藻类总量的 96.6%,而东太湖以硅藻占绝对优势,占藻类总量的 71.8%,蓝藻占9.9%。蓝藻的分布几乎遍及全湖,而以西北部的马迹山岛周围、南部新塘港口外与小雷山以北的局部水域中数量较为集中,数量较少的地区为西太湖东部及整个东太湖。在蓝藻中以微囊藻和鱼腥藻的数量最多,分布最广。20 世纪 70 年代,在鼋头渚和焦山附近水域出现。20 世纪 80 年代初,在五里湖和梅梁湾 2/5 区域出现,20 世纪 80 年代末,发展到梅梁湾的 3/5 湖面以及太湖西岸局部水域,之后逐渐向南、向西、向东迅速蔓延发展,直至 2006 年蓝藻水华约覆盖太湖总面积的 2/5。由此可见,太湖蓝藻水华发展演变在 20 世纪 80 年代初出现了突变,之前太湖基本没有出现大面积蓝藻水华现象,仅在五里湖和梅梁湾局部湖区出现;之后几乎每年都暴发大面积的蓝藻水华。

太湖梅梁湾污染尤其严重,分别于 1990 年 7 月、1994 年 7 月、1995 年 7 月和 1998 年 8 月因蓝藻暴发引发 4 次水污染事件,致使部分自来水厂停产,经济损失数十亿元。2007 年蓝藻暴发比往年时间更早,污染规模更大。蓝藻大面积暴发引发了无锡市的饮用水危机,全市除了锡东自来水厂外,70% 的自来水厂取水口的水质都被污染,直接影响到 200 多万人的生活饮用水。太湖水质的恶化也造成旅游业的巨大损失。据测算,2007 年太湖蓝藻暴发所造成的直接经济损失达 28.77 亿元(包括生活用水损失 17.63 亿元,旅游损失 11.14 亿元),间接经济损失达 520 万元。这次蓝藻暴发事件敲响了太湖生态警钟。图 2.1 分别为 2007 年 8 月和 2017 年 5 月拍摄的太湖蓝藻水华照片。

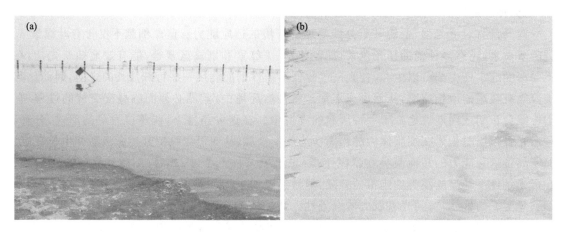

图 2.1　太湖蓝藻水华照片(分别于 2007 年 8 月(a)和 2017 年 5 月(b)拍摄)

2.2　传统监测方法

传统的湖泊水体藻类检测方法有很多,常用的方法大致可分成显微镜计数法、叶绿素 a 含量测定法和荧光分析法等几种(陈纬栋 等,2010)。

2.2.1　显微镜计数法

一般通过定期、定时到具有一定代表性的湖泊区域补点、现场采集样本,然后在实验室将水样浓缩标本滴加在藻类计数器上,在显微镜下观察、判识、统计个体总数。显微镜计数法已经被运用了很多年了,运用显微镜分析组成成分和细胞数量,能够在属种层面给予浮游植物群落详细的分析。但该方法存在几个明显的缺点:一是检测周期长,从采样到浓缩到镜鉴出结果约需要 3 d 时间,检测结果不能客观反映湖泊水体藻类的实时状况和复杂的时空动态变化;二是误差大,一方面水样本经过过滤浓缩后可能产生较大的误差,另一方面对藻类的鉴定主要依赖个人的经验,通常有经验的技术人员才能确保观测数据的一致性,而不同的技术人员检测得到的结果差异也可能很大;三是在显微镜下观察微囊藻水华,由于微囊藻是多细胞群体,个体大小不一,难以准确统计水体中的微囊藻的生物量。因此,显微镜计数法耗时长,对分析人员的技术要求高,不适合快速、连续的蓝藻监测预警。虽然近期已经实现远程水样显微图片获取,并将其传送到数据处理中心进行藻类数量的自动识别,但是图像传输数据量较大,网络通信成本较高,而且缺少藻类数量与实际蓝藻暴发强度之间的定量对应关系。

2.2.2　叶绿素 a 含量测定法

藻类中的叶绿素 a 是主要光合色素,它有两方面的作用:一方面,叶绿素 a 作为捕光色素,与蛋白结合形成叶绿素 a 蛋白复合体,捕获光能供给光合作用。叶绿素 a 在光谱波长 450～650 nm 的吸收很弱,这一光谱区域属于绿光区,因此呈现绿色。叶绿素 a 在红光区和蓝光区各有一个吸收峰,可以作为其特征峰。另一方面,叶绿素 a 还是所有高等植物和绝大多数藻类光合作用的反应中心色素。在藻类细胞内,光系统Ⅰ(Photosystem Ⅰ)的反应中心是叶绿素 a 的二聚体,称为 P700;光系统Ⅱ(Photosystem Ⅱ)的反应中心是一对叶绿素 a,称为 P680。但是测定叶绿素 a 含量很耗费时间,并且原水的浮游植物群落中,不仅仅只有蓝藻含有叶绿素 a,其他藻类如绿藻、硅藻等均含有叶绿素 a,所以测量叶绿素 a 的含量虽然可以用于藻类的检测,但是无法选择性地检测蓝藻的生物量,存在其局限性。

2.2.3　荧光分析技术

荧光分析技术是一种灵敏而直接的测定蓝藻数量的方法,能够在短时间内把蓝藻从其他藻类中区分出来,进行选择性的检测。基于活体藻类的光合色素的研究方法已经被用来区分主要的浮游植物群落了。藻类的色素,是藻类进行光合作用时吸收、转化和传递光能的主要物质。叶绿素 a 是浮游植物的主要光合色素。其他辅助色素(如叶绿素 b 和 c、类胡萝卜素和藻胆素)通过给有机体提供光能收集窗口,在光合作用中起着重要作用,并且在高生长辐射中阻止细胞破坏,提供光学保护作用。个别色素的存在或缺乏有助于辨别天然水体中的主要藻种。某些色素仅存在于某一藻种或者只存在于两三种藻种中的特性,可以用于浮游植物群落组成的定量评估。

蓝藻的光合色素分为 3 类:叶绿素、类胡萝卜素和藻胆素。藻细胞中,藻胆素和蛋白体组成藻胆蛋白,藻胆蛋白聚合而成藻胆体。藻胆蛋白主要有 3 类:藻红蛋白、藻蓝蛋白和别藻蓝蛋白。藻胆蛋白的颜色是由它们所含的藻胆素决定的,蓝藻中主要含有 4 种藻胆素:蓝色的藻蓝素、红色的藻红素、黄色的藻尿胆素、紫色的藻胆紫素(也称隐藻紫素)。藻蓝蛋白是蓝藻的特征色素体,能够用来进行荧光特性分析。荧光分析法也会受到一些外部因素的影响,如光照条件、营养盐浓度等,但荧光分析法仍然是检测浮游植物群落和选择性检测蓝藻生物量的实用方法。这种简易的方法不仅被运用于生态学研究,而且被应用于原水或水处理厂饮用水分析,作为一种灵敏的早期选择性检测潜在蓝藻的方法。

2.2.4　分子荧光分析法

某些物质的分子吸收一定的能量跃迁到较高电子激发态后,在返回基态的过程中伴随有光辐射,这种现象称为分子发光。荧光是分子发光中的光致发光现象,是吸光受激分子处在不同类型的电子激发态时所产生的光辐射现象。利用物质的分子吸收光所产生的荧光对物质进行分析测定的方法,称为分子荧光分析法(杨晓冬,2011)。荧光分析基本装置由电源、光源、激发单色器、样品池、发射单色器、检测器、信号放大器和打印系统组成。由光源发出的一定强度的激发光经聚光镜、狭缝进入激发单色器分光,选择最佳波长的光去激发样品池内的荧光物质。该物质发出的荧光可射向四面八方,但通过样品池后的激发余光是沿直线传播的,所以,荧光检测器即光电倍增管(PMT)不能直接对着光源,一般放在样品池的一边,与激发光路呈直角关系,否则,强烈的激发余光会透过样品池干扰荧光的测定,导致实验失败,甚至损坏PMT。荧光物质发生的荧光经发射单色器滤去样品池的反射光、溶剂的瑞利散射光、拉曼光以及溶液中杂质所产生的荧光等杂光的干扰,提高了测定的选择性,只让待测物质的特征荧光照射到检测器上进行信号转换,并经信号放大系统进行放大,由数据处理及显示、打印系统以适当的形式报告出来。

总的说来,在藻类生物量检测方面,传统的藻类显微镜计数方法效率低,需要耗费大量的人力、物力,对分析人员经验要求较高且精度较低,由于不能进行原位检测以及采样与得到结果之间的时间延迟,使得这种方法失去了检测的意义和进行水华预警的优势。叶绿素a检测方法虽然可以进行原位检测,但其检测没有特异性,无法从浮游植物群落中区分蓝藻生物量。荧光分析技术弥补了上述缺陷,仪器设备相对简单、操作简便,干扰因素少,尤其是随着无线传感器网络技术的迅猛发展,可以实现藻类的实时、连续的原位监测,为水华预警提供更为密集和精确的藻类监测数据。

2.3 卫星遥感监测方法

2.3.1 国内外蓝藻水华卫星遥感监测现状

传统的蓝藻水华监测方法,除了具有上述一些明显的缺点和不足之外,通过船舶调查和实验室测量进行的现场调查传统监测方法还可能会破坏垂直和漂浮蓝藻的水平分布,并且大多只能在监测地点进行蓝藻监测,因此,仅选择有限数量的水样本,其代表性不能得到保证,实地调查也无法解释蓝藻水华的空间分布,价格昂贵且劳动密集。

随着卫星遥感技术的发展,遥感数据和图像的分辨率、参数信息的获取和观测精度都有明显提高。因此,具备监测范围广、速度快、成本低以及易于长期动态监测的卫星遥感技术成为目前获取蓝藻水华信息的主要方法。遥感可以提供蓝藻水华的相关密度、范围和潜在影响等有用信息,有助于实时、准确地监测蓝藻水华,从而快速判断整个湖泊的蓝藻水华发生发展情况,为蓝藻水华预测预警和防控提供数据支撑。很多遥感卫星传感器如中分辨率光谱成像仪MERSI(Medium Resolution Spectral Imager)、高分卫星/宽视野传感器 GF/WFV(Wide Field of View)、环境卫星/电荷耦合器件 HJ-1/CCD(Charge Coupled Device)、先进甚高分辨率辐射计 AVHRR(Advanced Very High Resolution Radiometer)、海景宽视场传感器 SeaWiFS(Sea-Viewing Wide-Field-Of-View Sensor)、中分辨率成像光谱仪 MERIS(Medium Resolution Imaging Spectrometer)、Landsat 卫星的专题绘图仪 TM(Thematic Mapper)和增强专题绘图仪 ETM(Enhanced Thematic Mapper)、先进星载热发射和反射辐射仪 ASTER(Advanced Spaceborne Thermal Emission and Reflection Radiometer)、EOS 卫星的中分辨成像光谱辐射仪 MODIS(MODerate-resolution Imaging Spectroradiometer)、合成孔径雷达 SAR(Synthetic Aperture Radars)、EO-1 卫星的高光谱成像仪和高级陆地成像仪 Hyperion & ALI(Advanced Land Imager)等,都能够较好地识别和监测蓝藻水华。很多学者已经采用各种光学卫星遥感数据开展了全球和全国范围内,以及典型湖库如太湖、巢湖、滇池、千岛湖、呼伦湖等的蓝藻水华和浮游植物等信息的提取及时空演变规律等研究。在内陆淡水湖泊进行蓝藻水华的遥感监测,需要传感器具有较高的空间分辨率,因此目前常用的卫星传感器包括中等空间分辨率的 FY-3/MERSI、EOS/MODIS、SNPP/VIIRS、Sentinel 3/OLCI、COMS/GOCI 等,中高空间分辨率的 GF/WFV、HJ-1/CCD、Landsat(TM/ETM、OLI)、Sentinel 2/MSI 等。自 2007 年暴发大面积蓝藻水华并造成饮用水危机以来,太湖水环境的卫星遥感监测已成为环保和气象等部门的常规业务,利用国产卫星 FY-3/MERSI、HJ-1/CCD、GF/WFV 以及 EOS/MODIS 等多种卫星数据,实现了蓝藻水华的常态化监测,成为湖泊水环境治理和蓝藻水华防控重要的、不可或缺的手段。

2.3.2　蓝藻水华卫星遥感监测原理与常用方法

卫星识别蓝藻水华的主要理论基础是蓝藻具有与陆地植被相似的光谱反射率特征。蓝藻暴发时藻类细胞在光合作用下快速繁殖,大量的藻类生物体聚集于水体表面,蓝藻反射绿光比反射蓝光和红光更多,因此通常呈现绿色。密集的蓝藻水华具有与陆地植被相似的光谱反射率特征——“陡坡效应”,即随着叶绿素浓度的增加,在红色区域呈现非常低的值,在近红外区域呈现显著高的值。我们采用 ASD(Analytica Spectra Devices, Inc)公司生产的 Field-SpecProFR 野外光谱仪,乘船到太湖中央进行现场测量,获得了水体、密集蓝藻和藻—水混合物的光谱反射率曲线(图 2.2)。由图 2.2 可以看出:在 400~700 nm 波段范围内,当蓝藻水华富集程度发生变化时,相同波段的反射率变化不明显,且都在 430 nm、620 nm 和 675 nm 附近处存在吸收峰,在 550 nm 附近有一个较明显的反射峰。在 700~900 nm 波段范围内,反射率随着蓝藻水华的富集程度增加而增大,密集蓝藻水华和藻-水混合物的反射率曲线均呈现“肩状”。蓝藻水华在近红外波段的这种光谱特征,类似于陆地植被光谱曲线特征的“陡坡效应”,为利用植被指数检测蓝藻水华提供了理论依据。

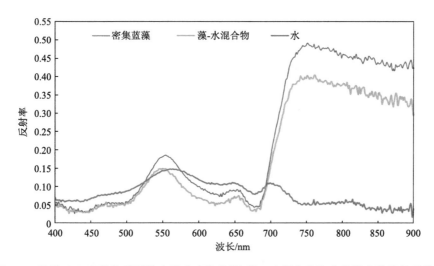

图 2.2　采用 ASD 光谱仪实测的太湖中密集蓝藻、藻—水混合物和水体的光谱反射率曲线

利用蓝藻具有类似于陆地植被的光谱反射率特征这一特点,一些用于反演陆地植被的光谱指数也被用来提取湖泊蓝藻水华信息,包括单波段、波段差值、波段比值等方法(Jeff et al., 2017)。按照遥感数据的波段设置特点,可以把已有的蓝藻水华指数分为三大类(薛坤 等,

2023)：①宽波段传感器数据只有蓝、绿、红波段和一个近红外波段 NIR（如 CCD、WFV、CZI等），可以使用差分植被指数（DVI，Difference Vegetation Index）、归一化差分植被指数（ND-VI，Normalized Difference Vegetation Index）、增强植被指数 EVI（Enhanced Vegetation Index）、赤潮指数 RDI（red tide algal blooms）、虚拟基线浮游藻类指数 VB-FAH（Virtual Baseline Floating macroAlgae Height）等利用近红外波段和红绿蓝波段建立的指数；②对于具有至少一个 NIR 和 SWIR 波段的数据，如 OLI、MSI、MODIS、VIIRS 等，可以使用浮游藻类指数 FAI（Floating Algae Index）等基于近红外和短波红外波段构建的指数；③具有 2 个或 2 个以上近红外波段 NIR、没有短波红外波段 SWIR 的数据，例如 GOCI、OLCI，通常选择替代性浮游藻类指数 AFAI（Alternative Floating Algae Index）、最大叶绿素 MCI（Maximum Chlorophyll Index）等指数。近年来，随着机器学习和人工智能技术的不断发展，决策树、机器学习等算法也越来越多地用于蓝藻水华信息的提取，并取得了较好的效果。下面介绍研究或业务中常用的几种蓝藻水华遥感监测指数。

1. 比值植被指数（RVI）

由于绿色植被在近红外和红光波段的反射率差异较大，1969 年 Jordan 最早定义了 RVI用于监测陆地植被，RVI 计算公式如下（李亚春 等，2011）：

$$I_{RV} = \frac{\rho_{NIR}}{\rho_{RED}} \tag{2.1}$$

式中，I_{RV} 代表比值植被指数的值，ρ_{NIR} 和 ρ_{RED} 分别代表近红外波段与红光波段的反射率。比值植被指数与植被叶面积指数、叶干生物量和叶绿素含量密切相关，广泛用于检测和计算植被生物量；覆盖有健康绿色植被的区域，由于红外高抬和红光波段的强吸收作用，比值植被指数值远大于 1，而清洁水体、建筑物、裸土或者有严重病虫害的植被，其比值植被指数值通常小于1，在湖面上若覆盖有密集的蓝藻，则比值植被指数一般大于 2，若蓝藻特别稀少，则比值植被指数一般在 1 附近。比值植被指数的灵敏度依赖于植被的覆盖状况，当覆盖度大时非常敏感，而当地表植被覆盖小于 50% 时敏感性会显著减小。比值植被指数易受大气状况的影响，因此一般情况下应该对影像进行大气校正，获得地表真实反射率进行计算。图 2.3 为根据比值植被指数 RVI 方法提取的蓝藻水华信息。

2. 归一化差分植被指数（NDVI）

在卫星遥感反演陆地植被的光谱指数中，归一化差分植被指数由于计算比较简便，对植被的反应很敏感、范围广，能有效消除大气辐射、地形阴影和太阳高度角所带来的干扰，因此在研究植被覆盖中得以广泛应用。NDVI 是目前最常用的湖泊蓝藻水华遥感监测方法之一，也是太湖蓝藻水华遥感监测业务中采用的主要方法。在之前的许多研究中，基于各种卫星数据的 NDVI 已成功应用于监测不同湖泊的蓝藻水华。NDVI 的计算公式如下（李亚春 等，2011）：

$$I_{NDV} = \frac{\rho_{NIR} - \rho_{RED}}{\rho_{NIR} + \rho_{RED}} \tag{2.2}$$

式中，I_{NDV} 代表归一化差分植被指数的值，ρ_{NIR} 和 ρ_{RED} 分别代表近红外波段与红光波段的反射率。NDVI 的取值范围为 [−1.0, 1.0]，通常 NDVI 的值越大，表明蓝藻水华的富集程度越高。归一化差分植被指数的缺陷主要是对大气干扰的处理能力有限，受云层影响较大，不易区分高浑浊水体，同时当蓝藻密度较大时，NDVI 会出现饱和现象。图 2.3c 为根据归一化差分植被指数 NDVI 方法提取的蓝藻水华信息。

3. 增强型植被指数（EVI）

为了解决归一化差分植被指数存在的不足，采用增强型植被指数（陈云 等，2008）：

$$I_{EV} = 2.5 \times \frac{\rho_{NIR} - \rho_{RED}}{\rho_{NIR} + C_1 \rho_{RED} + L - C_2 \rho_{BLUE}} \tag{2.3}$$

式中，I_{EV} 代表增强型植被指数的值，ρ_{NIR}、ρ_{RED} 和 ρ_{BLUE} 分别为近红外、红光和蓝光波段的反射率，C_1 和 C_2 分别为大气修正红光和蓝光校正参数，数值分别为 6 和 7.5，L 为土壤调节参数 1。增强型植被指数由于引入了大气校正参数和土壤调节参数，可有效地弥补归一化差分植被指数的不足，提高对于高植被覆盖区的敏感性，更大程度上减小大气的影响，通过削弱植被冠层背景信号和土壤变化来改善对植被监测的监测。图 2.3d 为根据增强型植被指数（EVI）方法提取的蓝藻水华信息。

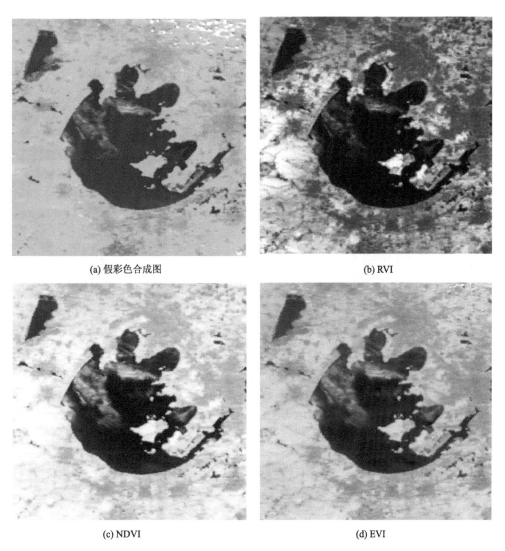

(a) 假彩色合成图　　　　　　　　　　　(b) RVI

(c) NDVI　　　　　　　　　　　(d) EVI

图 2.3　2021 年 9 月 18 日 AQUA/MODIS 太湖蓝藻水华光谱植被指数

4. 浮游藻类指数（FAI）

根据光谱分析结果，正常水体在红光、近红外、短波红外是强吸收，而蓝藻水华在近红外的反射率很高。根据这样的差异,Hu et al. (2010)发展了浮游藻类指数(FAI)。相比于 NDVI 等算法,浮游藻类指数 FAI 算法对环境和观测条件(气溶胶类型和厚度、太阳/观测几何和太阳光)的变化不敏感,并且不易受云层影响,可以有效避免对蓝藻水华的误判,已广泛应用到湖泊蓝藻水华的监测。浮游植物 FAI 指数实质上是一种波段减法,即通过构建红光、近红外和短波红外的基线来反映藻类在水体表面聚集的光谱变化特征,其计算公式为:

$$I_{FA} = R_{rs,NIR} - R_{rs,RED} - [R_{rs,SWIR} - R_{rs,RED}] \times \frac{(\lambda_{NIR} - \lambda_{RED})}{(\lambda_{SWIR} - \lambda_{RED})} \tag{2.4}$$

式中,I_{FA} 代表浮游藻类指数的值,$R_{rs,NIR}$、$R_{rs,RED}$ 和 $R_{rs,SWIR}$ 分别为近红外波段、红光波段和短波红外波段的遥感反射率;λ_{NIR}、λ_{RED} 和 λ_{SWIR} 分别是近红外波段、红光波段和短波红外波段的中心波长。

普通湖水、蓝藻水华和水生植被的 FAI 值关系为:

$$I_{FA蓝藻水华} > I_{FA湖水}$$
$$I_{FA水生植被} > I_{FA湖水} \tag{2.5}$$

一般认为,浮游藻类指数 FAI 比其他植被指数如 NDVI,EVI 等可以更加有效地判识蓝藻水华与水体,但在湖泊水体中存在较多沉水植被或挺水植被情况下,由于这些水生植被与蓝藻水华光谱也相似,在近红外波段的反射率重叠,因此利用 FAI 进行草型湖泊中水生植被类群和藻华信息提取存在较大的不确定性。图 2.4 为根据浮游藻类指数 FAI 方法提取的蓝藻水华信息。

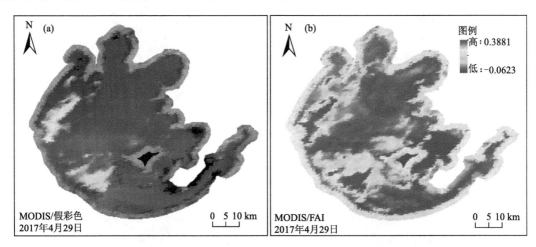

图 2.4 浮游藻类指数 FAI 提取的太湖蓝藻信息
(a)假彩色合成图;(b)FAI 图

2.4 基于 FY-3D 的蓝藻水华遥感监测技术

2.4.1 FY-3D/MERSI-II 卫星数据简介

我国自 1988 年 9 月 7 日发射第一颗风云气象卫星以来,目前共发射了 18 颗风云气象卫星。风云气象卫星装载了光学、微波等多种先进的传感器,可满足不同时空尺度特点的陆表生态和气象灾害监测的多源数据要求。本章仅简要介绍新一代极轨气象卫星的代表——风云三号 D 星(FY-3D)在蓝藻水华检测中的应用。

　　FY-3D 是中国的第二代极轨气象卫星,于 2017 年 11 月发射升空,为下午轨道卫星,在高度 830 km、倾角 98.75°的轨道上每天绕地球南北极飞行 14 圈,每圈大约用时 102 min,卫星每天可以完成一次对全球的完整覆盖观测。星上搭载了 10 台先进的遥感仪器。作为 FY-3D 星搭载的核心光学仪器,中分辨率光谱成像仪 MERSI-Ⅱ(Medium Resolution Spectral Imager Ⅱ)具有 6 个可见光波段通道,10 个可见光/近红外波段通道,3 个短波红外波段通道和 6 个中长波红外波段通道(表 2.1),地面分辨率有 1000 m 和 250 m 不等,光谱分辨率有 20 nm、50 nm、10 μm 不等,可以同时获取丰富的地气辐射影像,是目前国际上最先进的宽幅成像遥感仪器之一。该载荷是在风云三号卫星前 3 颗星配置的两台成像仪器——扫描辐射计和中分辨率光谱成像仪的基础上升级而来的。与上一代光谱成像仪相比,MERSI-Ⅱ新增了 6 个红外通道和地面分辨率达 250 m 的红外分裂窗通道,仪器定标精度和探测灵敏度指标得到了全面提升。MERSI-Ⅱ通过 3 个 250 m 可见光通道可以每日无缝隙地获取全球真彩色遥感影像,可以为全球生态环境、灾害监测和气候评估提供观测方案(韩秀珍 等,2019)。对于太湖这样的大型浅水湖泊,FY-3D/MERSI-Ⅱ 既具有较高的空间分辨率,最高达 250 m,同时也具有较高的时间分辨率(每天过境 1 次),光谱测量通道多、功能全、性能先进、精度高,可以实现对太湖蓝藻水华的持续、动态监测,为太湖水环境治理和蓝藻水华防控提供重要的数据支撑。

表 2.1　MERSI Ⅱ传感器波段参数

通道编号	中心波长/μm	光谱带宽/nm	空间分辨率/m
1	0.470	50	250
2	0.550	50	250
3	0.650	50	250
4	0.865	50	250
5	1.380	30	1000
6	1.640	50	1000
7	2.130	50	1000
8	0.412	20	1000
9	0.443	20	1000
10	0.490	20	1000
11	0.555	20	1000
12	0.670	20	1000
13	0.709	20	1000
14	0.746	20	1000
15	0.865	20	1000
16	0.905	20	1000
17	0.936	20	1000
18	0.940	50	1000
19	1.030	20	1000
20	3.800	180	1000

通道编号	中心波长/μm	光谱带宽/nm	空间分辨率/m
21	4.050	155	1000
22	7.200	500	1000
23	8.550	300	1000
24	10.800	1000	250
25	12.000	1000	250

2.4.2 云检测

云检测是大气遥感中重要的一环。大多数后续的风云卫星科学算法如植被指数、气溶胶及火检测等都需要提前获知给定像元是否有云存在。如果地表上空有云,它们将阻止来自地表红光和近红外波段的信号。而在云层稀薄或低密度蓝藻水华情况下,云的干扰对蓝藻水华判识精度的影响更大,因此,云检测是导出植被指数和准确判识蓝藻水华的必要条件。

这里引用统一的 FY-3/4 云检测算法(Unified Cloud Mask Algorithm for Fengyun-3/4 Imager,UCM-FY-3/4)的结果也分为 4 类,它们是:晴空、可能晴空、可能云、云。同时,FY-3/4 统一云检测算法输出中还包括用于决定云检测产品的所有测试结果,它们可被后续的用户修改使用。云检测算法流程如图 2.5 所示。

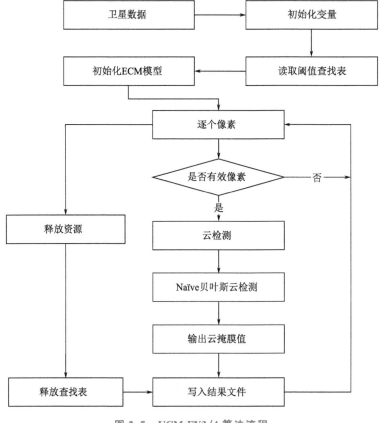

图 2.5 UCM-FY3/4 算法流程

2.4.3　全偏振辐射传输模型 UNL-VRTM 大气校正

湖泊的水质遥感监测主要是利用传感器在可见光和近红外波段接受到辐射通量值来分析水质参数,传感器上接受到总辐射通量值由 3 部分组成:①太阳辐射经过大气散射作用到达传感器;②太阳辐射通过水表面的方向反射进入传感器;③水体后向散射光和水底的反射光返回到大气中,被传感器所接受,这一部分含有水色信息,是可以用来监测水质的部分,称为离水辐亮度(Water-leaving Radiances)。大气和水平面对太阳光的作用对水质监测来说,不包含任何有用的信息,是一种噪声,在实际应用时,必须对其进行校正。通常来说,用于水质监测的卫星传感器通过设定一定的卫星姿态角,可以避免太阳光在水面的角度反射,但是没有办法消除大气对太阳光的影响。实际上,传感器上接受的 80% 以上的辐射通量都是由大气因素造成的,因此,很小的大气校正误差都能造成水质参数估计的巨大偏差。大气校正是水质遥感中重要的一环。

目前已经研发的大气辐射校正方法有很多,大致可以划分为 2 类:相对辐射校正与绝对辐射校正。相对辐射校正只需利用到图像的特征信息,通过建立起不同的遥感图像之间的校正关系,对这些影像进行归一化处理从而进行大气校正。目前常用的相对辐射校正法有不变目标法、直方图匹配法、黑暗像元法。绝对辐射校正是将卫星遥感影像观测信息通过计算变为地表真实反射率或反射辐亮度的方法,其中被国内外学者广泛采用的就是基于辐射传输模型的大气校正方法。

1. 不变目标法

如果卫星图像上存在一些反射辐射特性较为稳定的像元,同时这些像元的实际地理意义可确定,这些像元就可以设定为不变目标像元,找出一系列包含这些不变目标像元的不同时域卫星遥感图像,这些图像上的不变目标像元之间的反射率存在一种线性关系。找出这些遥感图像中不变目标像元反射率之间的线性关系,利用所确定的线性关系对卫星遥感图像进行大气校正。不变目标法简单、高效,如果在此方法加入一些卫星过境时的实测资料,就可以得到准确的地表反射率。

2. 直方图匹配法

该方法假定空间的气溶胶分布均匀,并且存在两块反射率相同的区域,其中一块区域没有受到大气影响,另一块区域受到大气影响,利用不受大气影响区域的直方图,与受大气影响区域的直方图进行匹配处理,对受大气影响区域进行大气校正。直方图匹配法简便、高效,如果卫星遥感图像范围较大,可以将这个遥感图像分成很多小块,再在这些小块区域分别使用直方图匹配法进行大气校正,校正效果更好。

3. 黑暗像元法

黑暗像元法假设大气均一、地表为朗伯面,忽略大气多次散射辐照作用和邻近像元漫反射作用,假定目标遥感图像上存在黑暗像元区域,这些黑暗像元的真实地表反射率很小,由于受大气程辐射的影响,卫星图像上的表观反射率大于其真实地表反射率,可以认为这部分值就等于大气程辐射。计算出这部分增加值也就是大气程辐射,选择适当的大气校正模型,将大气程辐射代入后,计算出所需的大气校正参数。利用大气校正参数对卫星图像进行大气校正,得到真实地表反射率,此方法只需利用图像本身信息,实用性强,校正精度可以满足一般的研究和应用要求。黑暗像元法的研究与应用已有 20 多年的历史,此校正方法的重点和难点在于确定遥感图像中黑暗像元值以及选择合适的大气校正模型。

4. 辐射传输模型法

该方法根据电磁波在大气中的辐射传输原理创建出辐射传输模型,在模型中输入卫星扫描目标区域时的卫星角度、太阳角度、大气成分等参数,通过辐射传输模拟对遥感图像进行大气校正。目前,应用最为广泛的模型有 LOWTRAN 模型、MODTRAN 模型、ATOCOR 模型、6S 模型等。

全偏振辐射传输模式(Unified Linearized Vector Radiative Transfer Model,简称 UNL-VRTM 模式)是美国爱荷华大学新发展的一个集成非线性全偏振辐射传输模式,也是目前最新一代辐射传输模型,在计算上使用最新的技术。UNL-VRTM 模式是专门为模拟大气遥感观测以及根据这些观测反演气溶胶、气体、云或地表特性而设计的。它被世界各地的研究小组应用于广泛的地球遥感问题(Ding et al.,2019)。UNL-VRTM 模式包括用于辐射传输的 VLIDORT、用于气溶胶单次散射的线性化 Mie 和线性化 T 矩阵代码、瑞利散射模块以及使用 HITRAN 数据库进行的逐行(LBL)气体吸收计算。UNL-VRTM 模式计算的查找表精度较高且稳定。国内外关于 MERSI Ⅱ 的大气校正研究并不多。UNL-VRTM 辐射传输模型适用于多种卫星传感器的不同波段范围、不受研究区特点及目标类型影响、计算速度快、校正精度高。本章利用 UNL-VRTM 辐射传输模型对 FY-3/MERSI 数据进行处理,利用试验结果对查找表进行合适的参数设置,生成查找表,利用这个查找表对 FY-3/MERSI 进行大气校正获取大气校正后的地表反射率。

(1)基于 UNL-VRTM 辐射传输模型的大气订正查找表

UNL-VRTM 辐射传输模型包括以下 7 个模块:

① 矢量线性辐射传输模式(VLIDORT)。

② 线性米散射。

③ 线性化 t 矩阵电磁散射码。

④ 表面双向反射(BRDF)模块。

⑤ 瑞利散射和气体吸收包括光学厚度各向异性的计算。

⑥ 用于分析的 2 个模块,包括优化反演程序和可视化诊断工具。

其中前 5 个模块集成用于气溶胶单次散射、气体吸收和此后的辐射传输,因此它们共同构成了统一的线性化辐射传输模型——UNL-VRTM 模型。

UNL-VRTM 模型的输入是大气特性、成分(温度、压力、气溶胶质量浓度或 AOD 层、水汽量)和其他痕量气体体积混合比分布,以及气溶胶参数(如尺寸分布和折射率)。考虑到用于垂直剖面反演的被动遥感在气溶胶性质方面,目前的 UNL-VRTM 模型是仅设计用于辐射计算的两组气溶胶单散射特性的最大值(例如气溶胶尺寸分布、折射率和颗粒形状),通常有一个精细模式和一个粗糙模式气溶胶。模式的输出包括在用户定义的波长处,综合数据对所有气溶胶粒子参数和信息含量合成数据(表示为物理参数)。

辐射传输模型的计算涉及较大的计算量,在处理遥感影像时一般需要逐个像素进行运算,为了提高大气校正的速度,我们使用下面参数设置作为输入,使用 UNL-VRTM 模型进行大气校正查找表的计算。具体输入参数如表 2.2 所示。

使用 UNL-VRTM 模型分别在不同的太阳天顶角、观测天顶角和相对方位角条件下计算大气顶层反射率用于生成大气校正查找表。

表 2.2　UNL-VRTM 模型大气校正查找表输入参数

波段	太阳天顶角或卫星天顶角/°		气溶胶光学厚度		臭氧含量/(cm-at)		相对方位角/°		水汽含量/(g·cm^{-2})		表观反射率	
	取值范围	步长	取值范围	步长	取值范围	步长	取值范围	步长	取值范围	步长	取值范围	步长
1	0～80	10	0.1～0.9	0.1	0.1～0.9	0.4	0～180	10	0.2～0.3	0.1	0.1～0.8	0.1
2	0～60	10	0.1～0.9	0.4	0.1～0.9	0.1	0～180	10	0.2～0.3	0.1	0.1～0.8	0.1
3	0～60	10	0.1～0.9	0.1	0.1～0.9	0.1	0～180	10	0.2～0.3	0.1	0.1～0.8	0.1
4	0～60	40	0.1～0.9	0.1	0.1～0.9	0.1	0～180	10	0.2～0.3	0.1	0.1～0.8	0.1
5	0～60	40	0.1～0.9	0.1	0.1～0.9	0.1	0～180	10	0.2～0.3	0.1	0.1～0.8	0.1
6	0～60	40	0.1～0.9	0.1	0.1～0.9	0.1	0～180	90	0.2～0.3	0.1	0.1～0.8	0.1
7	0～60	40	0.1～0.9	0.1	0.1～0.9	0.1	0～180	90	0.1～0.9	0.1	0.1～0.8	0.1
20	0～60	40	0.1～0.9	0.1	0.1～0.9	0.1	0～180	10	0.2～0.3	0.1	0.1～0.8	0.1

（2）大气校正流程

大气校正流程主要包括以下步骤：

① 读入卫星观测数据,根据海陆掩码数据集,对逐个像元进行海、陆判断。

② 根据云检测产品进行晴空像元筛选。

③ 根据太阳角度、卫星角度、气溶胶光学厚度在查找表中找到最近条件的大气校正参数,并根据实际的数据计算内插值。

④ 将表观反射率和大气校正参数进行大气校正计算,得到地表反射率。

⑤ 对计算结果进行质量控制,并生成质量标识。

⑥ 将输出的地表反射率结果及质量控制标识等信息,根据元信息按规范格式保存到输出文件中。具体的技术流程见图 2.6。

（3）大气校正实例

以 2019 年 5 月 3 日 13 时的 FY-3D/MERSI 数据为例,对太湖区域的卫星影像进行大气校正处理。图 2.7 为大气校正前后的 MERSI 真彩色(通道 3：2：1)影像对比。由图看出,在大气校正处理后,显著减小了气溶胶的影响,整个影像及太湖水面清晰度明显提高,湖面蓝藻的对比度也明显增强,有助于提高蓝藻水华的判识精度。为说明大气校正对后续科学计算的积极影响,以计算的归一化差分植被指数 NDVI 的表现来加以证明。我们对同一时刻的 MERSI 观测数据进行了大气校正处理,并计算了大气校正前后的 NDVI 值(图 2.8)。比较大气校正前后的 NDVI 图,同样可以看到大气校正后的 NDVI 图表现得更加清晰,对比度也明显提高,且大气校正后的 NDVI 值总体上有一个明显的提升,最大 NDVI 值由 0.67 增大到 0.82,约提高了 22%,最小 NDVI 值也由 -0.63 增大到 -0.46,约提高了 27%。

2.4.4　重采样

为了对影像的分辨率进行统一,方便进行后续的数据共享和影像处理,需要对其信息重采样,即在一类像元信息中插入另一类像元信息。重采样比较常用的方法有最邻近像元法、双线性内插法和三次卷积内插法。

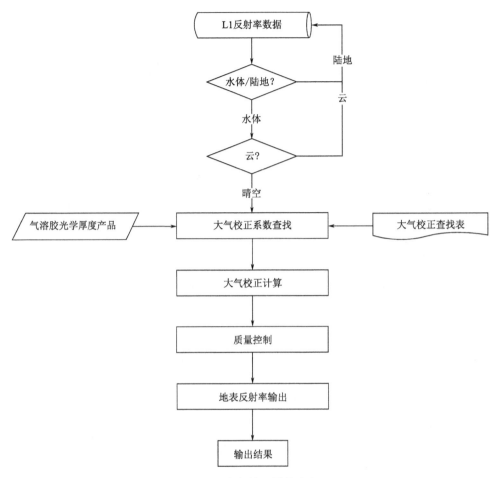

图 2.6 大气校正模块流程

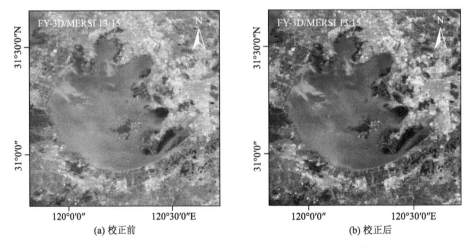

(a) 校正前　　　　　　　　　　　　　　　(b) 校正后

图 2.7 FY-3D/MERSI 数据(2019 年 5 月 3 日 13 时)大气校正
前后真彩色(通道 3：2：1)影像

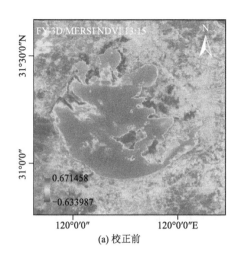

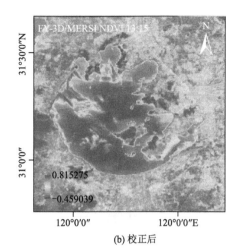

(a) 校正前　　　　　　　　　　　　　(b) 校正后

图 2.8　FY-3D/MERSI 数据(2019 年 5 月 3 日 13 时)大气校正前后 NDVI 值

　　最邻近像元法的基本原理是选择距离像元位置最近的像元值作为新的数值。其优点主要为不引入新的像元值,适合分类前使用;有利于区分植被类型,确定湖泊浑浊程度、温度等,计算简单、速度快。缺点是最大可产生半个像元的位置偏移,改变了像元值的几何连续性,原图中某些线状特征会被扭曲或变粗成块状。

　　双线性内插法即测量采样点到邻域像元的距离,通过加权计算的方式得到栅格值,能够得到较为光滑的重采样结构。其优点是处理后的图像平滑,无台阶现象,线状特征的块状化现象减少,空间位置精度更高。缺点为像元被平均,有低频卷积滤波效果,破坏了原来的像元值,在波谱识别分类分析中会引起一些问题,边缘被平滑、不利于边缘检测。

　　三次卷积内插法使用内插点周围的 16 个像元值,用三次卷积函数进行内插。这种方法高频信息损失少,可将噪声平滑,对边缘有所增强,具有均衡化和清晰化的效果,不过算法本身相对复杂烦琐,耗时较长。内插方法的选择除了考虑图像的显示要求及计算量外,在作分类时还要考虑内插结果对分类的影响,特别是当纹理信息为分类的主要信息时。

　　研究表明,最邻近采样将严重改变原图像的纹理信息。因此,当纹理信息为分类主要信息时,不宜选用最邻近采样。双线性内插及三次卷积内插将减少图像异质性,增加图像同构型,其中,双线性内插方法使这种变化更为明显。

　　我们对 FY-3D/MERSI 观测数据进行大气校正、云检测等预处理,以及为检测蓝藻信息计算归一化差分植被指数 NDVI 和浮游藻类指数 FAI 等,需要用到 MERSI 的红色(Red)和近红外(NIR)波段以及短波红外(SWIR)波段。为了充分利用 MERSI 的空间分辨率优势,需要将 3 个短波红外波段(SWIR)重新采样至 250 m 分辨率。这里采用双线性插值的重采样方法。

　　双线性内插法是通过取采样点到周围 4 邻域像元的距离加权来计算其栅格值新值,图 2.9 为双线性内插法示意图。具体流程为:首先在 Y 方向做一次内插(或 X 方向),再在 X 方向(或 Y 方向)内插一次,通过距离加权计算得到该像元的栅格值。假定图像中一未

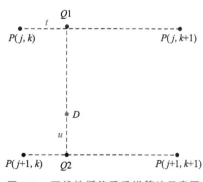

图 2.9　双线性插值重采样算法示意图

知像元点 D,在其附近 2×2 区域内 4 个邻近像素的值分别为 $P(j,k)$、$P(j,k+1)$、$P(j+1,k)$ 和 $P(j+1,k+1)$,D 距离 $Q1$ 为 u,$Q1$ 距离 $P(j,k)$ 为 t,则:

$$D=P(j,k)\times(1-t)(1-u)+P(j,k+1)\times t\times(1-u)+P(j+1,k)$$
$$\times(1-t)\times u+P(j+1,k+1)\times t\times u \qquad (2.6)$$

2.4.5 归一化差分植被指数(NDVI)算法

风云三号气象卫星中分辨率成像光谱仪(FY-3D/MERSI)用于蓝藻水华监测的主要有波段 3($0.625\sim0.675\ \mu m$)、波段 4($0.835\sim0.885\ \mu m$)和波段 6($1.615\sim1.665\ \mu m$)。在利用 MERSI 数据反演蓝藻水华之前,需要首先进行数据预处理操作,除了常规的几何校准、辐射定标、投影转换、影像裁剪和掩膜等预处理步骤外,还需要利用前述自主研发的云检测、大气校正和重采样等技术进行数据处理,以提高影像的质量及可用性。

为定量化表示蓝藻水华的发生程度,引入植被覆盖度这个概念。植被覆盖度(FVC)定义为某一地域植物垂直投影面积与该地域面积之比,用百分数表示,是评估和表征陆地植被状况的重要指标之一。植被覆盖度已成功应用于苔原等较低植物(Ahenri et al.,2019)。本项目拟采用为监测陆地植被而发展的植被覆盖度指数来表示蓝藻水华的空间分布和富集程度,称其为蓝藻水华覆盖度。植被覆盖度(FVC)通常使用像元二分法进行计算。假设混合像元中仅包括蓝藻和水,则该混合图像元的 NDVI 值可以表示如下(Tang et al.,2020):

$$I_{NDV}=f_{vc}\times I_{NDVa}+(1-f_{vc})\times I_{NDVw} \qquad (2.7)$$

式中,I_{NDV} 代表 NVDI 的值,这里蓝藻水华的覆盖面积为 f_{vc} 时,水的覆盖面积为 $1-f_{vc}$,蓝藻和水的 NDVI 值分别为 I_{NDVa} 和 I_{NDVw}。

根据上式推导,可以得到 FVC 如下:

$$FVC=(I_{NDV}-I_{NDVw})/(I_{NDVa}-I_{NDVw}) \qquad (2.8)$$

I_{NDVa} 和 I_{NDVw} 通常根据影像中 NDVI 值的累积频率分布来确定,即累积频率为 5% 的 I_{NDV} 值视为 I_{NDVw},累积频率为 95% 的 I_{NDV} 值视为 I_{NDVa}。根据韩秀珍等(2013)的研究,I_{NDVa} 和 I_{NDVw} 值分别确定为 0.81 和 -0.2,同时,根据覆盖度占像元面积的百分比,将蓝藻水华分成无蓝藻水华、轻度、中度和重度 4 个等级(表 2.3)。

表 2.3　单像元蓝藻水华覆盖度分级

单像元蓝藻水华覆盖度分级	单像元蓝藻水华覆盖度(FVC$_i$)
无蓝藻水华	FVC$_i$=0
轻度	0<FVC$_i$≤30%
中度	30%<FVC$_i$≤60%
重度	60%<FVC$_i$≤100%

以 2022 年 7 月 7 日 13 时 40 分 FY-3D/MERSI 影像为例,看看蓝藻水华覆盖度的提取效果。图 2.10a 为 MERSI 数据太湖蓝藻假彩色合成图(通道组合为 3:4:2),图 2.10b 为提取的 FVC 图。由图可以看出,在太湖无云覆盖区,提取的 FVC 信息与蓝藻水华的空间分布和密集程度基本一致,表明蓝藻水华覆盖度指标可以客观反映蓝藻水华的实际情况。

此外,为适应业务服务的实际需要,通常还需要统计蓝藻水华的影响面积(公式 2.9)。

蓝藻水华影响总面积计算:

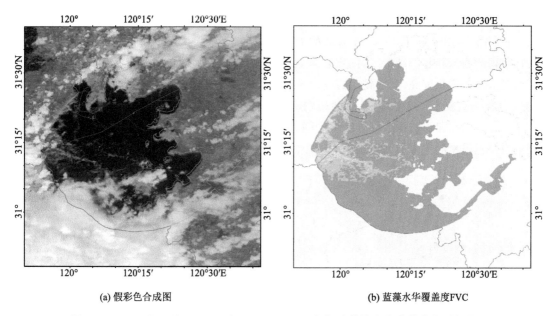

(a) 假彩色合成图　　　　　　　　(b) 蓝藻水华覆盖度FVC

图 2.10　2022 年 7 月 7 日 13 时 FY-3D/MERSI 数据计算的太湖蓝藻水华覆盖度图

$$S = \sum_{i=1}^{n} \Delta S_i \qquad (2.9)$$

式中，S 为蓝藻水华影响总面积，单位为 km^2；n 为被蓝藻水华影响的像元总数；i 为被蓝藻水华影响的像元序号；ΔS_i 为第 i 个蓝藻水华像元面积，单位为 km^2。

蓝藻水华 NDVI 算法的技术流程见图 2.11。

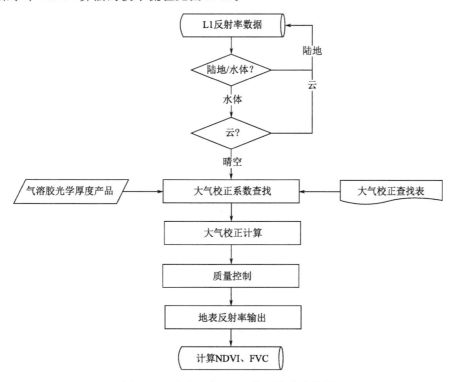

图 2.11　蓝藻水华 NDVI 算法的技术流程

下面以 2019 年 5 月 3 日 13 时的 FY-3D/MERSI 数据为例,进行太湖蓝藻水华信息的提取。图 2.12a 为用 MERSI 通道 3∶2∶1 合成的太湖区域真彩色图,从图上可以看出,蓝藻水华主要聚集在太湖的西部和北部沿岸区,湖中心区域也有少量的蓝藻水华,总体上,亮度较高的区域表示了蓝藻水华密集程度高,亮度较暗或纹理较稀疏代表蓝藻不够密集。图 2.12b 为提取的 NDVI 图,图 2.12c 为蓝藻水华覆盖度图,这两幅图都较好地提取到了蓝藻水华信息,其分布与真彩图基本一致。图 2.12d 为蓝藻水华等级强度图,这幅图客观地反映了密集的蓝藻水华主要分布在太湖的西部不沿岸区。根据计算结果,蓝藻水华总面积约 290 km^2。

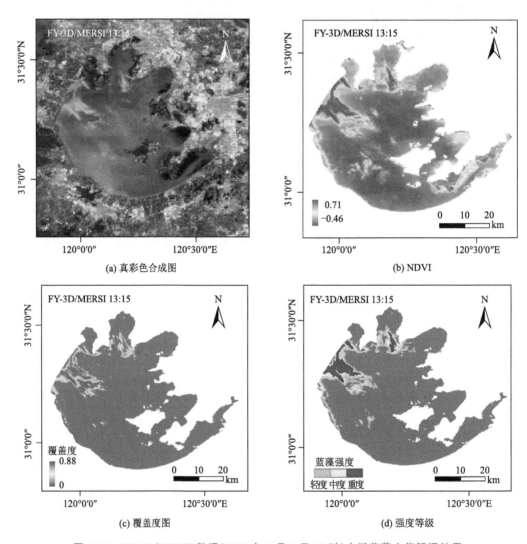

(a) 真彩色合成图   (b) NDVI

(c) 覆盖度图   (d) 强度等级

图 2.12 FY-3D/MERSI 数据(2019 年 5 月 3 日 13 时)太湖蓝藻水华解译结果

2.4.6 蓝藻水华与水生植被遥感辨别指数(CMI)算法

太湖是一个浅水型大型湖泊,其原来的生态系统结构即以水草型为主,由浮游植物、沉水植物与挺水植物组成了湖泊初级生产力系统。除了藻类植物以外,还存在大量的沉水植物与挺水植物,尤其是胥口湖、东太湖等湖区,这些区域极少出现蓝藻水华,而在梅梁湖等蓝藻水华易发重发区域也出现了大量的水生植物。因此传统的 NDVI 等植被指数方法难以准确地区分蓝藻水华和水生植被。由于蓝藻水华水体与水生植被水体均具有植被的光谱特征,尤其是红光波段的反射谷和近红外波段的反射峰,导致卫星遥感难以判别蓝藻水华与水生植被,加大了同步监测蓝藻水华与水生植被的难度。为此,在浮游藻类指数(FAI)基础上,综合考虑浊水指数(TWI)等,构建综合的蓝藻水华与水生植被遥感辨别指数(CMI,cyanobacteria and macrophytes index)识别蓝藻水华、浮叶/挺水植被与沉水植被(Liang et al.,2017)。

1. CMI 方法介绍

研究表明水生植被在短波红外波段(short-wave infrared,SWIR)的反射率高于蓝藻水华水体。水生植被区别于蓝藻水华的光谱特征主要有 3 个:①440 nm 附近是有色可溶性有机物(CDOM)的吸收峰,蓝藻水华 CDOM 吸收系数比浮叶/挺水水生植被大,反射率低于浮叶/挺水水生植被;②550 nm 附近藻类色素的低吸收和无机悬浮物的高散射使得蓝藻水华反射率高于浮叶/挺水水生植被水体反射率;③短波红外波段处,蓝藻水华反射率下降,而浮叶/挺水水生植被由于体内细胞多次反射,仍处于"近红外高台",水体近乎零反射。沉水植被由于叶片位于水体表面以下,光谱特征受水体影响较大,除了近红外波段有明显的"植被特征"外,在可见光和短波红外波段由于水体的强吸收,反射率都较低。

基于水生植被区别于蓝藻水华的光谱特征,Liang et al.(2017)基于蓝藻水华与水生植被的光谱特征在蓝光波段、绿光波段和短波红外波段处的差异,并考虑到短波红外波段是大气校正的关键波段,构建蓝藻水华与水生植被水域的判别指数 CMI:

$$I_{CM}=R_{rs,GREEN}-R_{rs,BLUE}-[R_{rs,SWIR}-R_{rs,BLUE}]\times\frac{\lambda_{rs,GREEN}-\lambda_{rs,BLUE}}{\lambda_{rs,SWIR}-\lambda_{rs,BLUE}} \qquad (2.10)$$

式中,I_{CM} 代表 CMI 的值,$R_{rs,GREEN}$、$R_{rs,BLUE}$ 和 $R_{rs,SWIR}$ 分别为绿光波段、蓝光波段和短波红外波段的遥感反射率;$\lambda_{rs,GREEN}$、$\lambda_{rs,BLUE}$ 和 $\lambda_{rs,SWIR}$ 分别是绿光波段、蓝光波段和短波红外波段的中心波长。

普通湖水、蓝藻水华和水生植被的 FAI 值关系为:

$$I_{FA蓝藻水华}>I_{FA湖水}$$
$$I_{FA水生植被}>I_{FA湖水} \qquad (2.11)$$

式中,I_{FA} 为 FAI 的值。当非常高的悬浮沉积物存在时,它们可以主导光学信号,导致 CMI 和 FAI 识别高浓度区域为蓝藻。为了避免这种情况,使用红光波段和短波红外波段的遥感反射率计算浊水指数(TWI)区分高浊度水体,以下是 Case Ⅱ 水中悬浮物信息的提取方法:

$$I_{TW}=R_{rs,RED}-R_{rs,SWIR} \qquad (2.12)$$

式中,I_{TW} 为 TWI 的值。

2. CMI 算法流程

本算法中需要输入的数据主要包括:红光波段反射率、绿光波段反射率、蓝光波段反射率、近红外波段反射率和短波红外波段反射率。输出的信息包括:分成湖水、蓝藻水华、沉水植被和浮叶/挺水植 4 种类型的结果数据。技术流程如图 2.13 所示:

结合 CMI 和 FAI 指数建立了太湖蓝藻水华与水生植被同步遥感监测决策树。基于卫星观测数据逐像元计算 TWI、FAI 和 CMI,并进行判识:利用 TWI 阈值识别高浑浊水体,排除高浑浊水体干扰;对排除高浑浊水体的 Rrc 数据用 CWI 阈值分离含藻水体和含草水体;对于含藻水体,利用 FAI=−0.004 识别蓝藻水华和一般湖水;对于含草水体,利用 FAI 阈值区分一般湖水、沉水植物和浮叶/挺水植物,最后得到详细的分类结果。

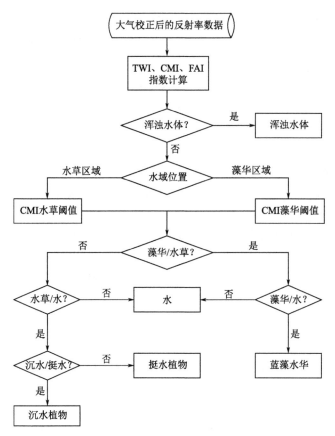

图 2.13　蓝藻与水生植被提取技术路线

3. 分类结果

(1)FY-3D/MERSI 影像分类结果

下面以 FY-3D/MERSI 数据为例,进行太湖蓝藻水华信息的提取,同时进行蓝藻水华与水生植被的分类处理。在利用 MERSI 数据反演蓝藻水华之前,需要首先对卫星观测数据进行几何校准、辐射定标、投影转换、影像裁剪、掩膜、重采样等预处理操作,还需要利用自主研发的云检测和大气校正等技术进行处理,以提高影像的质量及可用性。作为参考,本研究还应用这种方法对 EOS/MODIS 数据和 Sentinel-2/MSI 数据进行了处理,考察算法的有效性。这 3 种卫星传感器各判识指标的相关阈值列于表 2.4。

表 2.4　不同卫星的阈值取值范围

传感器	TWI	CMI	FAI 沉水植物	FAI 浮游植物
FY-3DI/MERS	0.165	0.008	0.023	0.05
EOS/MODIS	0.107	0.05	−0.011	0.05
Sentinel-2/MSI	0.13	0.0185	0.008	0.05

选取了晴空条件下 2020 年 6 月 30 日 12 时 44 分的 FY-3D/MERSI 影像,从真彩色合成图上(图 2.14a)可以看出,在这个时次的卫星影像上,太湖湖面存在较大面积的蓝藻水华,主要聚集在西北部沿岸区,湖中心区域也有一些稀疏的纹理状蓝藻斑块。图 2.14b～e 分别为按照以上各模型提取的 NDVI、FAI、TWI 和 CMI 指数。由图可以看出,归一化差分植被指数 NDVI 方法把湖

面的蓝藻水华信息基本上都提取出来了,但同时也将太湖沿岸较多的水草信息误判为蓝藻水华,尤其是在太湖的东部和南部沿岸区,这些区域常年一般较少出现蓝藻水华,说明 NDVI 指数不能较好地将蓝藻水华与水草区别开来,提取的蓝藻水华信息可能存在高估。浮游藻类指数 FAI 也存在类似的问题,在较好地提取蓝藻水华信息的同时,也可能将太湖沿岸较多的水草误判为蓝藻水华。浊水指数(TWI)提取了浑浊水体信息,TWI 指数较高的区域位于太湖的西南部和东部区域,对应了真彩色合成图上水面亮度较高的区域,亮度较高可能表示了其浑浊度较近的水面有所增高。采用综合的蓝藻水华与水生植被遥感辨别指数 CMI 则在较好地判识蓝藻水华信息的同时,也将沿岸的水草信息与蓝藻水华区分开来,但浑浊水体也造成了一定的干扰(图 2.14e)。最后,综合上述各指数进行了分类(图 2.14f),将太湖水面分成了五大类,分别为蓝藻水华、沉水植物、挺水植物、浑浊水体和水,分类结果与真彩图上各类物体基本相符。

　　(2)MODIS 影像分类结果

　　下面是采用该模型对 2017 年 4 月 29 日 EOS/MODIS 影像数据进行处理和分类的情况。中分辨率成像光谱辐射计 MODIS 是装载在美国 NASA(宇航局)地球观测系统 EOS(Earth Observing System)TERRA 和 AQUA 卫星上的关键仪器之一。MODIS 传感器共有 36 个光谱通道,通道的最高分辨率分别为 250 m,每颗星每天绕地球一周。由于其具有较高的时间和空间分辨率,在湖泊水环境监测中得到了广泛的应用,也是我们蓝藻水华监测业务中常用的卫星数据之一。选用 2017 年 4 月 29 日 AQUA/MODIS 数据进行处理,根据上述各指标模型分别计算得到 NDVI、FAI、TWI 和 CMI 指数,综合各指数进行分类,得到蓝藻水华分类结果(图 2.15)。从 MODIS 真彩色影像(图 2.15a)可以看到,较为明显的 2 块蓝藻水华斑块主要位于太湖的西北部和西南部,采用 NDVI 和 FAI 指数提取的蓝藻水华信息与其基本一致,但也都将沿岸的水草误判成蓝藻水华,CMI 指数较好地将蓝藻水华与水草进行了有效的分离,但也同时受到了浑浊水体信息的干扰(图 2.15b~e)。AQUA/MODIS 影像分类结果如图 2.15f 所示,将卫星影像分成湖水(包含高浊度水体、水体)、蓝藻水华、沉水植被和浮叶/挺水植被 5 种类型,分类结果与实际情况相符。

　　(3)哨兵 2 号卫星分类结果

　　哨兵 2 号(Sentinel-2)卫星是欧洲航天局发射的多光谱卫星,由 2 颗卫星组成,用于支持植被、土地覆盖和环境监测。哨兵 2A 卫星由欧洲航天局于 2015 年 6 月 23 日发射,运行在太阳同步轨道上,重复周期为 10 d。第二颗相同的卫星(2B 哨兵)于 2017 年 3 月 7 日发射,目前正在运行。它们每 5 d 覆盖地球所有的陆地表面、大岛屿、内陆和沿海水域。哨兵 2 号卫星装载一枚多光谱成像仪(MSI),高度为 786 km,可覆盖 13 个光谱波段,幅宽达 290 km。地面分辨率分别为 10 m、20 m 和 60 m,一颗卫星的重访周期为 10 d,两颗互补,重访周期为 5 d。从可见光和近红外到短波红外,具有不同的空间分辨率,在光学数据中,哨兵 2 号卫星数据是唯一一个在红边范围含有 3 个波段的数据,这对监测植被健康信息非常有效。哨兵 2 号卫星具有很高的空间分辨率,可以捕捉到地球表面物体的细微变化。在蓝藻水华监测中,Sentinel-2/MSI 数据也常被用来监测蓝藻水华的细节,作为其他极轨或静止卫星观测的一个补充。

　　本项目基于上述 CMI 算法,对 Sentinel-2/MSI 数据进行处理,并提取了蓝藻、水生植被等分类信息,在应用前同样需要进行大气校正、重采样等数据预处理。为与 EOS/MODIS 数据进行比较,选取的是 2017 年 4 月 29 日同一天的 Sentinel-2/MSI 影像。根据上述各指标模型分别计算得到 NDVI、FAI、TWI 和 CMI 指数,综合各指数进行分类,得到蓝藻水华分类结果

（图 2.16）。从图 2.16 可以看出，无论是真彩图还是提取的 NDVI、FAI、CMI 指数图，蓝藻水华信息的清晰度要明显高于 EOS/MODIS 影像，纹理细节也更加突出。

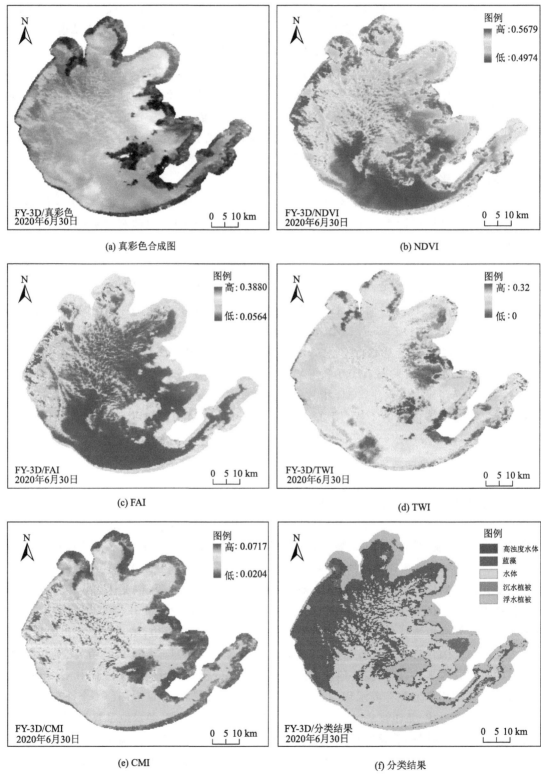

图 2.14　2020 年 6 月 30 日 FY-3D/MERSI 数据反演的 NDVI、FAI、TWI、CMI 指数及蓝藻水华分类结果

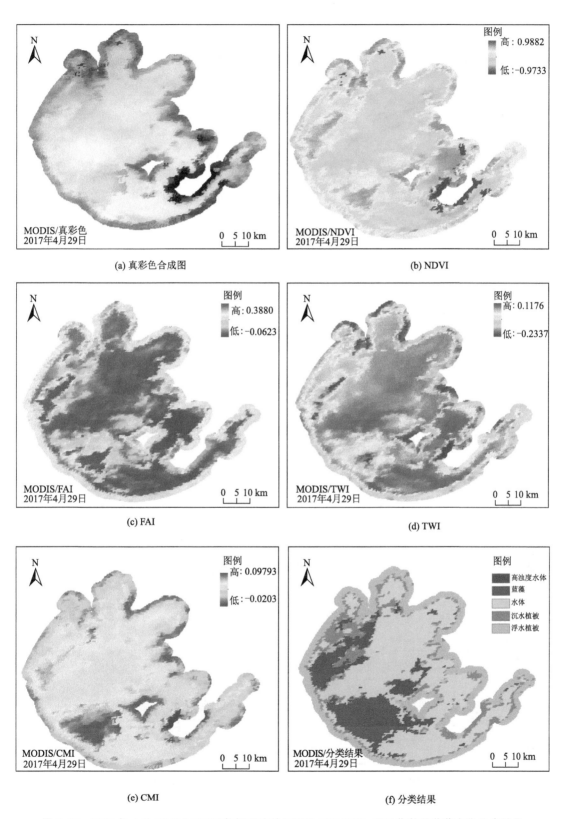

(a) 真彩色合成图

(b) NDVI

(c) FAI

(d) TWI

(e) CMI

(f) 分类结果

图 2.15　2017 年 4 月 29 日 MODIS 数据反演的 NDVI、FAI、TWI、CMI 指数及蓝藻水华分类结果

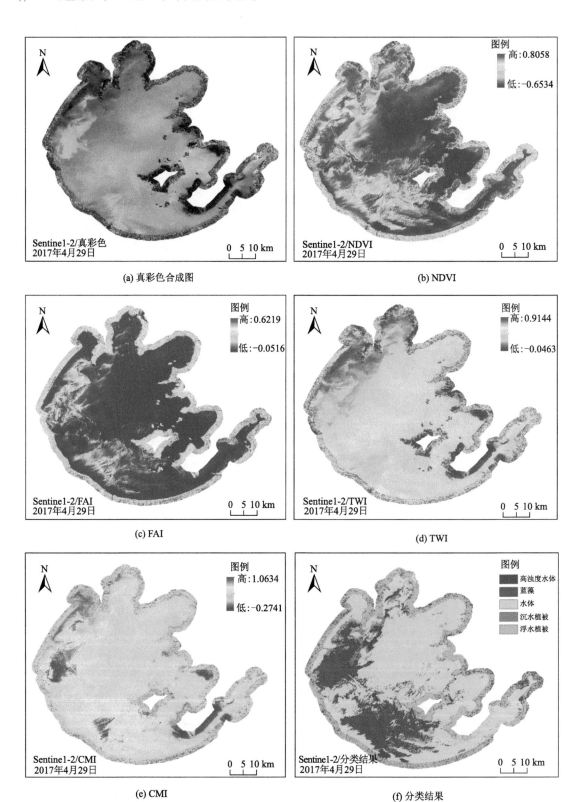

(a) 真彩色合成图

(b) NDVI

(c) FAI

(d) TWI

(e) CMI

(f) 分类结果

图 2.16　2017 年 4 月 29 日 Sentinel-2 数据反演的 NDVI、FAI、TWI、CMI 指数及蓝藻水华分类结果

2.5　基于 FY-4B 的蓝藻水华遥感监测技术

极轨卫星数据已被广泛用于监测内陆湖泊的水环境,但地球静止卫星在监测蓝藻水华方面的优势尚未得到充分探索。一些遥感卫星上装载的中等空间分辨率传感器如 FY-3D/MERSI、EOS/MODIS、NPP/VIIRS、Sentinel 3/OLCI、COMS/GOCI 等,由于其高空间和光谱分辨率,已被广泛地应用于内陆湖泊的蓝藻水华监测。然而,这些传感器无法提供最优的观测频率,例如,FY-3 系列卫星上的 MERSI 传感器每天最多只能提供一次观测,TERRA 和 AQUA 两个卫星上的 MODIS 传感器每天可以提供 2 次观测(通常在白天中午前后),并且在阴天或多云天气下无法获得有效数据。因此,需要更多的高频观测来提高对不同天气条件下高度动态的水生环境信息的获取,这对于制定蓝藻水华早预警、早预防和早处置策略,以确保城市饮用水安全可能起到关键作用。另外,蓝藻动力学是一个重要的科学课题,之前的相关研究已经证实,仅使用低时间分辨率的卫星数据很难客观地揭示长期蓝藻动力学。高频的卫星观测将最大限度地减少由于云层覆盖而导致的信息丢失,可以确保对蓝藻水华事件进行更准确的评估,有助于提高对蓝藻动力学的理解,并降低与蓝藻水华有关的固碳作用评估的不确定性。地球静止气象卫星的高频观测有助于探测快速变化的目标,如蓝藻水华的发生、发展和衰变。因此,研究静止卫星在蓝藻水华信息提取方面的能力非常必要,也很有价值。

2.5.1　FY-4B/AGRI 卫星数据简介

中国新一代静止气象卫星 FY-4B 于 2021 年 6 月发射,目前由中国气象局运营。FY-4B 卫星上装载了先进的地球同步辐射成像仪(AGRI),是一种主要为完成气象观测任务而设计的传感器,有 15 个光谱通道,其中 6 个在可见光(VIS)到短波红外(SWIR)波段。表 2.5 列出了 AGRI 的 15 个观测波段的详细信息。与上一代卫星(即 FY-4A)上的成像仪相比,其功能和规格有了显著改进。AGRI 有 2 个可见光波段(0.47 μm 和 0.65 μm)、一个近红外(NIR)波段(0.825 μm)和 3 个 SWIR 波段(1.379 μm、1.610 μm 和 2.225 μm),可用于蓝藻水华监测。其中 0.65 μm 的可见光波段,空间分辨率为 0.5 km;0.47 μm 的可见光波段和 0.825 μm 的近红外波段,空间分辨率均为 1 km;3 个短波红外波段的空间分辨率均为 2 km。FY-4B 的时间分辨率取决于采样区域,在 1~15 min 的范围内变化。FY-4B/AGRI 的这些特点表明,它可能具有对水生环境进行高频定量观测的巨大潜力。

表 2.5　FY-4B/AGRI 传感器主要技术指标

波段	中心波长/μm	带宽/μm	空间分辨率/km	灵敏度/信噪比	主要用途
1	0.470	0.450~0.490	1	$S/N \geqslant 90(\rho=100\%)$	小粒子气溶胶,真彩色合成
2	0.650	0.550~0.750	0.5	$S/N \geqslant 150(\rho=100\%)@0.5$ km	植被,图像导航配准恒星观测
3	0.825	0.750~0.900	1	$S/N \geqslant 200(\rho=100\%)$	植被,水面上空气溶胶
4	1.379	1.371~1.386	2	$S/N \geqslant 120(\rho=100\%)$	卷云
5	1.610	1.580~1.640	2	$S/N \geqslant 200(\rho=100\%)$	低云/雪识别,水云/冰云判识

波段	中心波长/μm	带宽/μm	空间分辨率/km	灵敏度/信噪比	主要用途
6	2.225	2.100~2.350	2	$S/N \geqslant 200(\rho=100\%)$	卷云、气溶胶，粒子大小
7	3.750	3.500~4.000(h)	2	$\leqslant 0.7$ K(315 K)	云等高反照率目标，火点
8	3.750	3.500~4.000(l)	4	0.2 K(300 K)	低反照率目标，地表
9	6.250	5.800~6.700	4	0.2 K(300 K)	高层水汽
10	6.950	6.750~7.150	4	0.25 K(300 K)	中层水汽
11	7.420	7.240~7.600	4	0.25 K(300 K)	低层水汽
12	8.550	8.300~8.800	4	0.2 K(300 K)	云
13	10.800	10.300~11.300	4	0.2 K(300 K)	云、地表温度等
14	12.000	11.500~12.500	4	0.2 K(300 K)	云、总水汽量，地表温度
15	13.300	13.000~13.600	4	0.5 K(300 K)	云、水汽

　　为评估 FY-4B/AGRI 卫星观测数据的质量，本研究采用 Himawari-8/AHI 卫星数据进行跨卫星交叉比较。Himawari-8 卫星是日本 2014 年 10 月 7 日发射的新一代静止气象卫星，2015 年 7 月正式投入使用。Himawari-8 是第一颗配备太阳散射器用于机载辐射校准的地球静止轨道卫星，作为全球天基相互校准系统的一部分，其装载的先进的 16 通道可视红外成像仪(AHI)使用了 EOS/MODIS 数据进行 VIS-NIR 替代校准。与原有的地球静止卫星相比，Himawari-8 的观测频率和精度大幅度提高，时间分辨率可达 10 min，空间分辨率最高可达 0.5 km(表 2.6)。

表 2.6　Himawari-8/AHI 传感器主要技术指标

通道	波段	中心波长/μm	空间分辨率/km
1	可见光	0.46	1
2	可见光	0.51	1
3	可见光	0.64	0.5
4	近红外	0.86	1
5	近红外	1.60	2
6	近红外	2.30	2
7	红外	3.90	2
8	红外	6.20	2
9	红外	7.00	2
10	红外	7.30	2
11	红外	8.60	2
12	红外	9.60	2
13	红外	10.40	2
14	红外	11.20	2
15	红外	12.30	2
16	红外	13.30	2

　　从 FY-4B/AGRI 和 Himawari-8/AHI 在蓝光、红光和近红外 3 个波段的光谱响应函数来看(图 2.17),AGRI 在蓝光波段的带宽与 AHI 接近,两者波谱曲线几乎重合,而在红光和近红外波段,AHI 的带宽明显窄于 AGRI 的带宽。

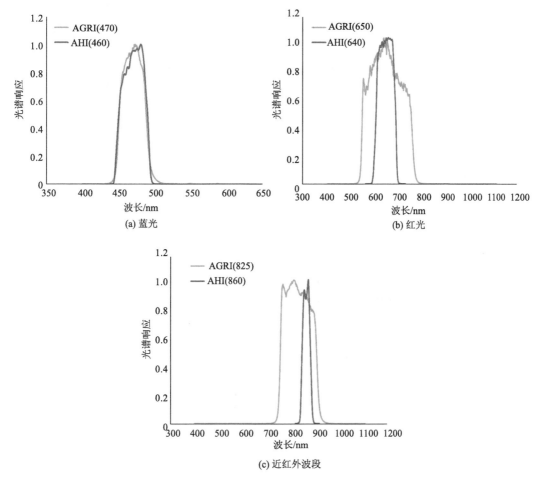

图 2.17　AGRI 和 AHI 的光谱响应函数

　　本研究拟采用最新发射的 FY-4B 静止气象卫星上装载的 AGRI 数据来检测太湖蓝藻水华信息,评估 AGRI 数据能在多大程度上可以对蓝藻水华进行有效的定量观测,并证明 AGRI 数据在监测蓝藻变化方面的潜力。考虑到 FY-4B 于 2021 年 7 月发射,直到 2022 年 7 月才完全投入运行,我们总共选择了 2022 年 7—12 月期间太湖监测到蓝藻水华的 32 d 的 LevelA 级数据进行分析,使用了 6 个 VIS-SWIR 波段的全磁盘数据,这些数据以 15 min 的间隔收集。

2.5.2　角度效应订正

　　静止轨道卫星具有高时间分辨率的特点,即一天内可以对同一地物高频次观测,但是由于每一影像的成像时间不同,并且单次成像范围广,因此随着时间变化同一像元的太阳天顶角、卫星天顶角和卫星方位角都有着极大的差异,造成同一地物在一天内的反射率不断变化,该现象在可见光波段影响较为显著,对静止卫星遥感监测地物造成了明显影响,因此需要对静止轨道卫星的角度效应进行校正。常规的校正例如利用太阳天顶角的余弦做校正不能有效地消除静止轨道卫星的角度效应,一般选择使用二项反射分布函数(BRDF)模型对可见光的反射率进行校正。目前,常见的 BRDF 模型主要包括:经验统计模型、物理模型和半经验模型。其中经验统计模型和物理模型都有极大缺陷。经验统计模型虽然计算简单并且实用性强,但是只适合于物理机制不清的情况。而物理模型十分复杂,计算量大,会因为不同区域天气的影响而造成参数变化,最终影响校正结果。Roujean et al. (1992)提出的半经验核驱动模型角度效应校正的方法,模型由 2 个核函数、2 个核系数和 1 个常数项组成,第 1 个核为典型辐射传输类型体散射核,是对植被冠层辐射传输理论单次散射的近似,也称为 Ross 或者 RossThick 核;第2 个核为几何光学核,主要考虑朗伯面由于地物突起引起的阴影等作用;常数项则代表各向同性散射作用,本项目拟采用半经验核驱动模型对 FY-4B/AGRI 数据进行角度效应订正预处理,以进一步提高蓝藻水华的反演精度。

主要采用半经验模型角度效应校正方法对 AGRI 数据进行角度效应订正,减小太阳天顶角、卫星天顶角、相对方位角等角度对反射率的影响,提高 AGRI 蓝藻监测产品精度。双向反射函数(BDRF)描述了给定波长 λ 和几何条件下,地表的反射辐射率 L 与入射辐射率 I 的比值。

$$\rho(\lambda,\theta_s,\theta_v,\varphi)=\frac{\pi,L(\lambda,\theta_v,\varphi)}{I(\lambda,\theta_s)\cos(\theta_s)} \quad (2.13)$$

式中,θ_s、θ_v 以及 φ 分别为太阳天顶角、观测天顶角和相对方位角。在算法中 BDRF 作为固定参数提供。BDRF 的主要作用就是减小太阳天顶角以及观测角对地表反射率的影响。

在蓝藻植被信息计算中,使用 Roujean et al. (1992)提出的半经验核驱动模型角度效应校正方法,此模型的优点是由于它是线性的,因此很容易反求观测值。该模型有 3 项分别代表各向同性、几何(阴影效果)和体积(多次反射)的贡献。增加的第 4 个镜面反射项用于在水和沙漠上的反射率。其公式如下:

$$R(\mu_s,\mu_v,\varphi,\Lambda)=f_{iso}(\Lambda)+f_{vol}(\Lambda)K_{vol}(\mu_s,\mu_v,\varphi)+f_{geo}(\Lambda)K_{geo}(\mu_s,\mu_v,\varphi) \quad (2.14)$$

其中:

$$K_{vol}=\frac{(\frac{\pi}{2}-\xi)\cos\xi+\cos\xi}{\cos\xi+\cos\xi}-\frac{\pi}{4}$$

$$K_{geo}=O(\mu_s,\mu_v,\varphi)-\sec\mu_s'-\sec\mu_v'+\frac{1}{2}(1+\cos\xi')\sec\mu_s'\sec\mu_v'$$

$$O=\frac{1}{\pi}(t-\sin t\cos t)(\sec\mu_s'+\sec\mu_v')$$

$$\cos t=\frac{h}{b}\frac{\sqrt{D^2+(\tan\mu_s'\tan\mu_v\sin\varphi)^2}}{\sec\mu_s'+\sec\mu_v'}$$

$$D=\sqrt{\tan^2\mu_s'+\tan^2\mu_v'-2\tan\mu_s'\tan\mu_v'\cos\varphi}$$

$$\cos\xi'=\cos\mu_s\cos\mu_v+\sin\mu_s'\sin\mu_v'\cos\varphi$$

$$\theta'=\tan^{-1}(\frac{b}{r}\tan\mu_s)\mu_v'=\tan^{-1}(\frac{b}{r}\tan\mu_v)$$

式中,μ_s 和 μ_v 分别是太阳天顶角和卫星天顶角的余弦值;φ 是太阳方位角和卫星方位角的差值。在角度效应校正模型中,第一项对应于材料表面的漫反射,反射率是 K_{geo},考虑了不透明的反射物和阴影效应的几何结构。此处通过根据 Lambert 定律反射的垂直不透明突起建模,这些突起位于平坦的水平平面上。它们主要代表裸露土壤表面的不规则性和粗糙度,但也可能代表低透光率冠层的结构特征。采用此模型是因为它能够简单地描述阴影效果。第二项是体积散射的一个分量,反射率为 K_{vol},其中介质被建模为随机定位的吸收和散射辐射的刻面的集合。这些刻面主要代表冠层的叶子,其特征在于不可忽略的透射率,同时也可以模拟裸露土壤的灰尘,精细结构和孔隙率。一个简单的辐射传输模型用于描述这一项。其中一个重点 K_{vol} 是从体积散射辐射传输模型推导出来的,另一个是来自表面散射和几何阴影投射理论的 K_{geo}。一些研究已经确定这种 RossThick-LiSparse-Reciprocal kernel 组合是最适合可操作的 MODIS BRDF/反照率算法的模型。BRDF 函数与 MCD43 产品的系数相结合,可以很好地修正反射率随角度的变化。为了保留从观测中获得的信息,表面反射率通过以下表达式进行校正:

$$\rho_{t,cor} = \rho_t \times \frac{BRDF(0,0,0)}{BRDF(\mu_s, \mu_v, \varphi)} \tag{2.15}$$

MODIS 反照率产品(MOD 43 系列)由美国 MODIS 地面团队(http://reverb. echo. nasa. gov/reverb/[2017-08-06])提供。这个反照率产品由 AMBRALS(Algorithm for MODIS Bidi-rectional Reflectance Anisotropies of the Land Surface)算法得到。在这个算法中,订正了大气的影响,同时反照率/BRDF 产品也从 16 d 的 MODIS 多波段反射率数据中得出。MODIS 反照率产品的最新版本 6 使用了累积观测加权方法,将时间分辨率从 V005 的 8 d 提高到 1 天,但其反演算法基于与 V005 反射率产品相同的 16 d 累积观测。与 V005 不同,新版本的产品以每 16 d 周期的第 9 d 为基础,通过加权前后 8 d 的观测值来生成当天的反照率产品。16 d 的合成观测使几乎每一个地表像素都有可能获得数值。

下面以 2022 年 9 月 7 日 12 时 FY-4B/AGRI 数据为例进行角度效应的订正,考察角度订正的效果。图 2.18 为 FY-4B/AGRI 数据进行角度效应订正前后计算的 NDVI 直方图,图 2.19 为散点密度图。由直方图(图 2.18)可以看出,经过角度效应订正后,NDVI<0 的低值总体上有一个提升,且在 NDVI 为 0 的右侧形成一个新的像元数波峰,而在 NDVI=0.4 的右侧像元数波峰也有右移,标明在这个附近的 NDVI 值也有提高。从散点密度图(图 2.19)中可以看到,校正前后的 NDVI 值总体位于 1∶1 线附近,相关系数达 0.99,角度订正后计算的 NDVI 值总体上得到增强。

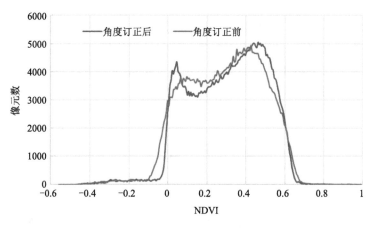

图 2.18　FY-4B/AGRI 角度效应订正前后计算的 NDVI 值直方图(2022 年 9 月 7 日 12 时)

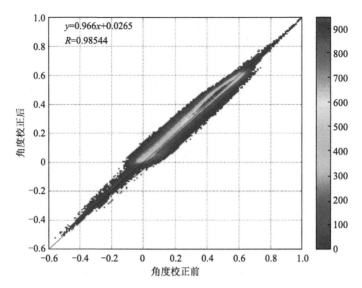

图 2.19 FY-4B/AGRI 角度效应订正前后计算的 NDVI 值散点密度图

2.5.3 6S 模型大气校正

1. 6S 模型大气校正简介

大气校正是湖泊水质和蓝藻检测不可或缺的重要环节。在卫星传感器和地面之间存在一层大气,由于大气分子和气溶胶会对电磁波辐射的散射及臭氧、水汽等对辐射的吸收影响,这样卫星传感器接收到的地物信息是大气—地物相互作用的混合信息,不能表达地表的真实状况。大气校正过程是为了补偿大气中的散射和吸收以及测量的大气顶部信号中空气—水界面的表面反射(即天空闪烁和太阳闪烁)。大气校正过程对于精确反演来自遥感观测的水面反射率和下游科学产品至关重要。以往的研究尽管开发了各种大气校正技术来消除内陆和沿海水域的大气影响,但目前大气校正仍然是水色遥感的一个主要挑战,不准确的大气校正仍然可能导致卫星数据产品的巨大不确定性。6S 模型大气校正基于辐射传输理论,能够很好地模拟地气系统中太阳辐射在太阳、地面目标和传感器之间传输过程中受到的大气影响,模型考虑了目标高程和表面的非朗伯体特性,使得算法模拟更加准确,校正精度进一步提高。由于 6S 模型适用于各种卫星传感器的不同波段,并且能够抵抗研究区域和目标类型特征的影响,因此它被广泛应用于包括大气辐射研究和遥感在内的各个学科。6S 模型能够模拟无云条件下 0.25～4.00 μm 光谱范围的卫星接收信号,本项目采用的归一化差分植被指数(NDVI)需要用到可见光和近红外波段,而 FY4B/AGRI 1、2、3 波段分别为蓝光、红光和近红外波段(0.470～0.825 μm)正分布在此范围内,因此,6S 模型可对该数据进行大气校正。

6S 模型主要包括以下几个主要部分:

(1)太阳、地物与传感器之间的几何关系

用太阳天顶角、太阳方位角、观测天顶角、观测方位角 4 个变量来描述。

(2)大气模式

定义了大气的基本成分以及温、湿度廓线,包括 7 种模式,还可以通过自定义的方式来输入由实测的探空数据,生成局地更为精确、实时的大气模式,此外,还可以改变水汽和臭氧含量的模式。

（3）气溶胶模式

定义了全球主要的气溶胶参数,如气溶胶相函数、非对称因子和单次散射反照率等,6S 模型中定义了 7 种缺省的标准气溶胶模式和一些自定义模式。

（4）传感器的光谱特性

定义了传感器通道的光谱响应函数,6S 模型中自带了大部分主要传感器的可见光近红外波段的通道相应光谱响应函数,如 TM、MSS、POLDER 和 MODIS 等。

（5）地表反射率

定义了地表的反射率模型,包括均一地表与非均一地表两种情况,在均一地表中又考虑了有无方向性反射问题,在考虑方向性时用了 9 种不同模型。

2. 6S 模型算法原理

将地表近似为朗伯面进行大气校正。大气校正过程中需要考虑大气分子的贡献。根据 6S 辐射传输模型的公式,大气校正涉及到的大气散射、大气透过率与地表反射率之间的关系计算可以表达为：

$$\rho^{\text{TOA}}(\mu_s,\mu_v,\varphi)=T^O(\mu_s,\mu_v)\left[\rho_R(\mu_s,\mu_v,\varphi)+\frac{\rho_t(\mu_s,\mu_v,\varphi)}{1-\rho_{t(\mu_s,\mu_v,\varphi)}S}T^H(\mu_s,\mu_v)T_R^{\downarrow}(\mu_s)T_R^{\uparrow}(\mu_v)\right]$$

（2.16）

式中,$\mu_s=\cos\theta_s$ 和 $\mu_v=\cos\theta_v$ 分别是太阳天顶角和卫星观测天顶角的余弦值,$\varphi=\varphi_s-\varphi_v$ 是太阳和卫星方位角之间的差值;$\rho^{\text{TOA}}(\mu_s,\mu_v,\varphi)$ 为卫星传感器接收到的信号经过辐射校正与太阳天顶角校正后的大气层顶表观反射率;$\rho_R(\mu_s,\mu_v,\varphi)$ 为大气分子散射（Rayleigh Scattering）所构成的路径辐射反射率;$\rho_t(\mu_s,\mu_v,\varphi)$ 为地表反射率;$T^O(\mu_s,\mu_v)$ 为臭氧吸收造成的大气透过率;$T^H(\mu_s,\mu_v)$ 为大气水汽透过率;$T_R^{\downarrow}(\mu_s)$ 和 $T_R^{\uparrow}(\mu_v)$ 分别为大气分子下行辐射透过率和大气分子上行辐射透过率;μ_s 和 μ_v 分别为太阳天顶角和卫星观测天顶角的余弦值,φ 为太阳与传感器之间的相对方位角;θ_s、θ_v、ϕ_s 和 ϕ_v 分别为太阳天顶角、观测天顶角、太阳方位角和观测方位角;S 为大气球形反照率。大气校正的目的就是通过卫星观测参数、大气相关参数以及波段信息计算地表反射率 ρ_t 的过程。

6S 模型里需要输入一系列的与模拟成像日期大气情况的参数,这些参数主要包括：几何参数、气溶胶光学厚度、水蒸气、臭氧、高程等,同时,这些参数的输入都以查找表这一简单直观的方式获取。最后生成一个线性大气校正公式,逐一得到每波段每像素的 6S 模型大气校正后的地表反射率值。

首先通过 6S 模型构建大气校正查找表（LUT）,以提高计算效率和大气订正的准确性。查找表的输入由 8 个大陆型吸收气溶胶组成,光学厚度为 0.05 nm、0.1 nm、0.2 nm、0.4 nm、0.8 nm、1.2 nm、1.6 nm 和 2.0 nm,13 个太阳天顶角范围从 0°～80°,间隔为 6°,13 个卫星天顶角范围从 0°～80°,间隔为 6°,11 个相对方位角从 0°～180°,间隔为 18°。此外,查找表的输出包括大气分子、臭氧、水蒸气、上行和下行辐射的透过率,以及 TOA 处气溶胶的反射率。在该算法中,查找表用于获取订正公式中的各种参数,以及太阳和卫星角度。辐射传输计算中使用了美国标准的温度、水蒸气和臭氧的大气廓线。气溶胶光学厚度（AOD）来源于 AGRI 波段,并使用 Angstrom 指数公式（2.16）从 500 nm 的光学厚度转换为 550 nm 的光学厚度：

$$\tau(\lambda)=\tau_a(\lambda)\left(\frac{\lambda}{\lambda_a}\right)$$

（2.17）

式中,$\tau(\lambda)$ 是未知波形的气溶胶光学厚度;$\tau_a(\lambda)$ 为已知波形的气溶胶光学厚度;λ_a 为 Angstrom 指数。最后,大气校正后的表面反射率 R_s 可以从等式 2.16 中计算出来。

应用 6S 模型进行大气校正时,需要输入卫星过境时刻的几何参数、大气参数、遥感器参数和地物参数等。

(1)几何参数

几何参数采用自定义参数,包括太阳天顶角、太阳方位角、卫星天顶角、卫星方位角、遥感器类型、经纬度以及成像时间等,这些数据都可从 AGRI L1 级产品数据中获取。

(2)大气模式

模式包括 7 种内置的大气模式,0~6 分别为:0—无大气吸收、1—热带、2—中纬度夏季、3—中纬度冬季、4—亚寒带夏季、5—亚寒带冬季、6—美国标准 6S 大气模式。

(3)气溶胶模式

一共有 7 种内置的气溶胶模式,从 0~7 分别为:0—无气溶胶模式、1—大陆型、2—海洋型、3—城市型、5—沙漠背景的 shettle 模型、6—生物燃烧模型、7—平流层模型。

(4)气溶胶光学厚度

输入 L1 文件中的数据包括 470 nm、650 nm 和 865 nm 3 个通道的表观反射率,输入定位文件中的辅助数据包括太阳天顶角、卫星天顶角、卫星太阳相对方位角,另外输入 L2 气溶胶光学厚度产品(表 2.7)。太阳和卫星观测角度信息是用来从查找表中找到对应的大气透过率、大气程辐射和大气半球反照率数据。输入文件中最重要的文件是气溶胶光学厚度产品与大气校正查照表,该查照表是离线建立的,主要利用 AGRI 波谱响应函数、气溶胶光学厚度和气溶胶类型和 6S 辐射传输模式通过大量计算生成,大气校正的精度与气溶胶光学厚度精度和查找表直接相关。

表 2.7　6S 大气校正模块输入信息列表

序号	产品名称	产品格式	周期	文件描述
1	定位数据文件	HDF	15 min	经度,纬度,太阳天顶角,太阳方位角,卫星天顶角,卫星方位角
2	L1 1000 m 数据文件	HDF	15 min	470 nm、650 nm 和 865 nm 通道表观反射率数据
3	气溶胶光学厚度	NC	15 min	气溶胶光学厚度产品
4	大气校正查找表	TXT	静态	大气校正查找表
5	云掩模数据	NC	15 min	云掩模产品数据

6S 模型大气校正技术流程图如图 2.20 所示。

3. 大气校正效果评估

以 2022 年 8 月 1 日 13 时 FY-4B/AGRI 观测数据为例,应用 6S 模型进行大气校正并评估其效果。图 2.21 分别显示了蓝光、红光和近红外波段大气校正前后逐像素反射率,图 2.22 为相应波段大气校正前后逐像素反射率散点图。由图可以看出,蓝光和红光这两个 AGRI 可见光波段经过大气层校正后反射率总体上有所下降,且蓝光波段的下降幅度要大于红光波段。具体而言,蓝光和红光波段的大气校正后的反射率分别下降了 46.1% 和 4.8%(图 2.22a,b)。表明在可见光范围内,气溶胶对蓝光影响更大,大气对蓝光波段的瑞利散射作用也更强,致使一部分未达到地面的辐射经大气散射后进入传感器,增强了蓝光波段反射率。通过大气校正,

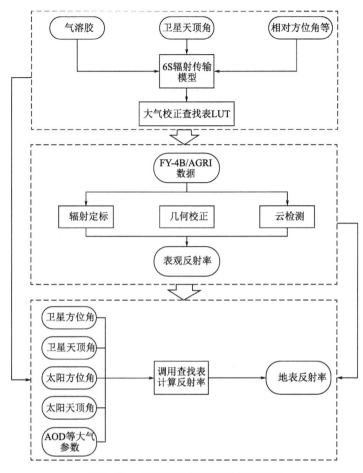

图 2.20　6S 模型大气校正技术流程图

气溶胶对蓝光的影响减小,蓝光的增强效应消除,使得大气校正后蓝光波段的反射率降低。同样地,由于大气和气溶胶的作用,使得卫星接收到的红光波段信号增强,大气校正则在一定程度上减弱了大气作用,使得红光反射率也有所降低。而在近红外波段,在大气分子散射和水蒸气吸收的共同作用下,大气衰减的影响较为明显,这削弱了 AGRI 传感器测量得到的近红外波段大气层顶反射率。经过大气校正处理后,这种衰减作用降低了,从而将近红外波段的反射率提高了 25.1%(图 2.22c)。结果表明基于 6S 模型的大气校正较好地消除了大气对 FY-4B/AGRI 蓝光、红光和近红外这 3 个波段的影响,使得大气校正后的反射率更加接近实际情况。

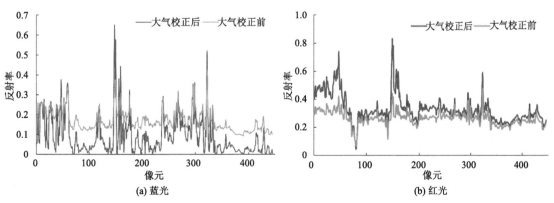

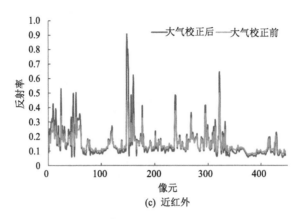

(c) 近红外

图 2.21　2022 年 8 月 1 日 13 时 FY-4B/AGRI 观测数据大气校正前后逐像素反射率比较

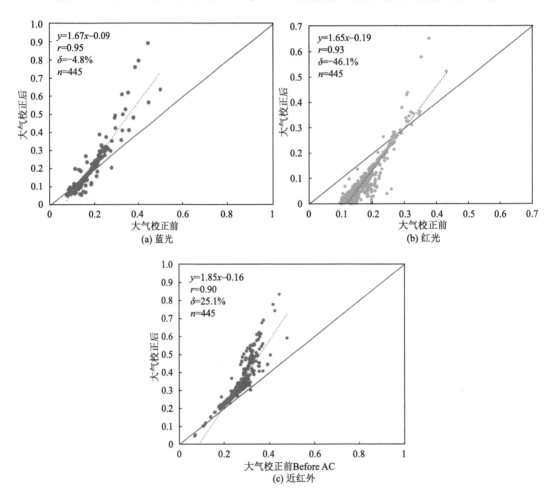

图 2.22　2022 年 8 月 1 日 13 时 FY-4B/AGRI 观测
数据大气校正前后逐像素反射率散点图

为直观地表现大气校正的效果,我们以 2022 年 10 月 11 日为例,给出了在大气校正前后太湖区域(30.74°~31.74°N,119.68°~120.69°E),FY-4B/AGRI 从 08 时至 15 时的 8 对匹配的假彩色合成影像(波段组合为 2∶3∶1)(图 2.23)。从这些图也可以看出,大气校正有效地消除了大气,尤其是气溶胶散射的影响,提高了影像的清晰度。

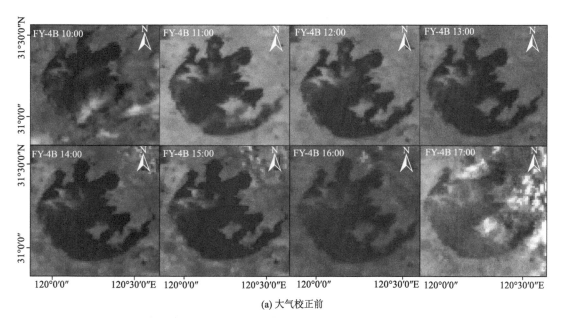

(a) 大气校正前

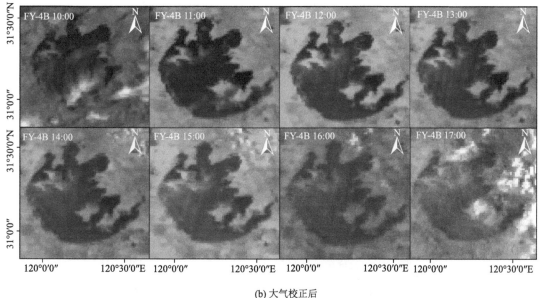

(b) 大气校正后

图 2.23　2022 年 10 月 11 日大气校正前后的太湖区域 FY-4B/AGRI 假彩色合成影像(2∶3∶1)

4. 大气校正对 NDVI 计算的影响

以植被指数为例证明大气校正精度对后续遥感定量计算的影响程度。图 2.24 为 2022 年 8 月 1 日 13 时 FY-4B/AGRI 观测数据大气校正前后的 NDVI 散点图,样本点包括太湖外围的部分地区。从图中可以看出,卫星观测数据经大气校正后计算得到的 NDVI 几乎都位于 1∶1 线以上,大气校正前后的 NDVI 相关系数为 0.89,大气校正后的 NDVI 值总体上比大气校正前平均高出 42.5%。图 2.25 为 2022 年 10 月 11 日 13 时 FY-4B/AGRI 观测数据大气校正前后的 NDVI 散点密度图,也从更大范围和更多样本证明了大气校正对后续植被指数的计算产生了明显的提升作用。分析其原因,经过大气校正后,可见光的反射率降低,近红外波段的反射率升高,两波段的对比度增高,光在大气传播过程中所受到的衰减得到弥补,则影像的植被指数呈现了增加的趋势。

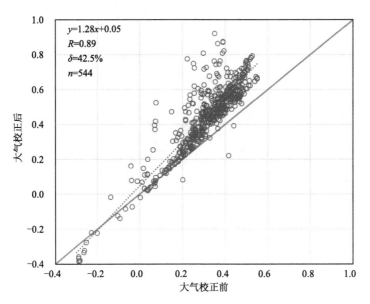

图 2.24　2022 年 8 月 1 日 13 时 FY-4B/AGRI 观测
数据大气校正前后的 NDVI 散点图

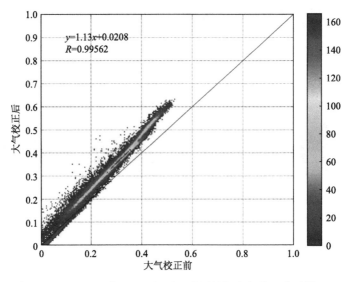

图 2.25　2022 年 10 月 11 日 13 时 FY-4B/AGRI 观测数据大气校正前后的 NDVI 散点密度图

下面讨论大气校正过程对太湖蓝藻水华 NDVI 计算的影响。收集了太湖在 5 个接近无云的日子(2022 年 8 月 1 日、9 月 19 日、10 月 1 日、10 月 11 日和 10 月 22 日),监测到水面上有明显蓝藻水华的 AGRI 影像。目标区域为太湖水域,样本点包括蓝藻、蓝藻—水混合物和水,但不包括太湖中的陆地像素,共随机选择了 10 幅影像的 3149 个样本点用于计算 NDVI。

图 2.26 为大气校正前后由 AGRI 计算得到的 NDVI 值散点图,其中图 2.26a 为全部样本的 NDVI 值散点图,图 2.26b~d 分别为蓝藻覆盖水面、藻—水混合覆盖水面和无蓝藻覆盖水面 3 种情况的 NDVI 值散点图。由图看出,与大气校正前计算得到的 NDVI 值相比,大气校正后的 NDVI 值总体上增加了 0.02 或 22.6%(图 2.26a);当 NDVI>0(即表面被蓝藻水华覆盖)时,大气校正后的 NDVI 值总体增加了 32.4%(图 2.26b);对于-2<NDVI<0(即表面由蓝藻—水混合物覆盖)时,NDVI 值增加了 13.9%(图 2.26c);当 NDVI<-0.2(即水中没有蓝藻)时,NDVI 值仅增加了 1.9%(图 2.26d)。结果表明,大气校正对太湖水体 NDVI 的计算有明显的影响,可以显著提高蓝藻水华 NDVI 的计算结果,而对纯水面的 NDVI 计算几乎没有影响,说明大气校正有助于更好地区分蓝藻水华和水体。

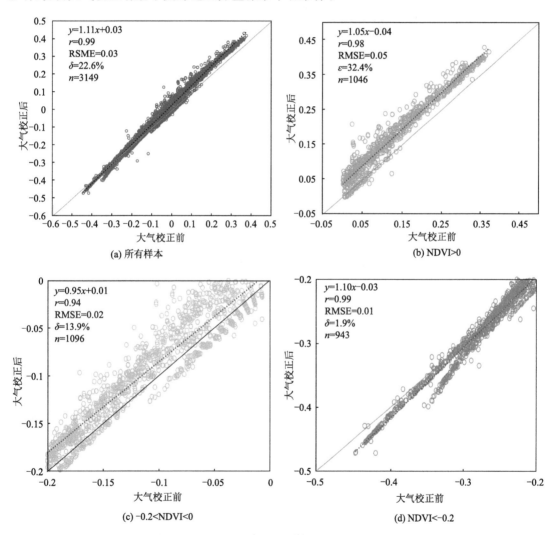

图 2.26　水面不同情形下 FY-4B/AGRI 测量数据大气校正前后的 NDVI 值比较

以太湖上空无云或少云、且卫星监测到蓝藻水华的 2022 年 10 月 22 日为例,考察太湖蓝藻水华 NDVI 计算方法的表现。考虑到 10 月 22 日 11 时影像上蓝藻水华面积较大,因此以 11 时的 FY-4B/AGRI 卫星影像为例计算得到蓝藻水华 NDVI 值,见图 2.27。由图可以看出,这个时次的影像上,NDVI 的空间分布与多通道合成的影像基本一致,NDVI 数值较大的像元基本上对应了湖面蓝藻水华较密集的像元。表明 NDVI 方法能够有效地从湖面检测到植被（蓝藻水华）信息。

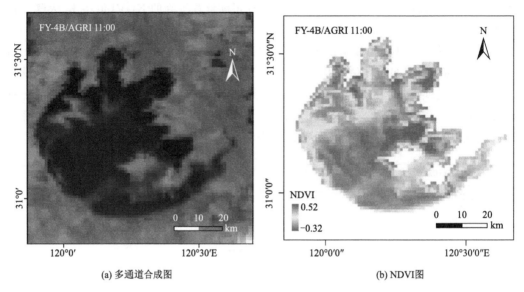

(a) 多通道合成图 (b) NDVI图

图 2.27　2022 年 10 月 22 日 11 时 FY-4B/AGRI 计算的 NDVI 图

5. 验证

进行不同卫星之间的交叉比较是评估卫星数据质量和产品的常用方法之一。Himawari-8 是日本第三代静止气象卫星，装载了国际上最先进的光谱成像仪 AHI，成像观测的综合性能优异。先前的研究已经证明了 Himawari-8/AHI 数据监测太湖蓝藻水华的能力（Chen et al.，2019）。在本研究中，将由 AGRI 计算获得的结果与 AHI 获得的结果进行比较。

首先，收集了 5 个近无云日（2022 年 8 月 1 日、9 月 19 日、10 月 1 日、10 月 11 日和 10 月 22 日）的 AGRI 和 AHI 匹配影像对，分别逐像元计算大气校正后的反射率。考虑到本研究中采用的 NDVI 仅使用红光和近红外波段，并且 FY-4B/AGRI 数据中没有绿光波段并不会影响到 NDVI 的计算，因此选择了 AGRI 和 AHI 相近的 3 对波段（470 nm 对 460 nm、650 nm 对 640 nm 和 825 nm 对 860 nm）共 2181 个样本像元进行交叉验证。结果显示，这 3 对波段的大气校正后的反射率之间相关系数 r 在 0.83～0.89，均方根误差值 RMSE 在 0.053～0.066，相对误差 δ 值分别为 −29.7%、28.6% 和 2%（图 2.28），表明两个传感器的大气校正处理后的反射率值彼此高度相关。这些结果也为进一步应用 AGRI 观测数据检测蓝藻信息提供了信心。

其次，还比较了分别由 AGRI 和 AHI 计算得到的 NDVI 值，以验证 AGRI NDVI 的可用性，结果如图 2.29 所示。从上述 5d 获得的 10 个 AHI 和 AGRI 影像对中，随机选择了 3149 个匹配的样本点，用于计算和比较大气校正前后的 NDVI。总的说来，由 AGRI 计算得到的大气校正后的 NDVI 值比 AHI 高 0.01 或 10.3%，而大气校正之前的 NDVI 值则比 AHI 低 −0.01 或 16.0%，它们的相关性均达 0.9，而均方根误差分别仅为 0.13 或 0.12。由此可见，经过大气校正处理后 AGRI 计算得出的蓝藻水华 NDVI 值与 AHI 测量得出的 NDVI 值具有很好的可比性。

同样地，以太湖 2022 年 10 月 11 日 11 时的 FY-4B/AGRI 卫星影像与同一时刻的 Hima-

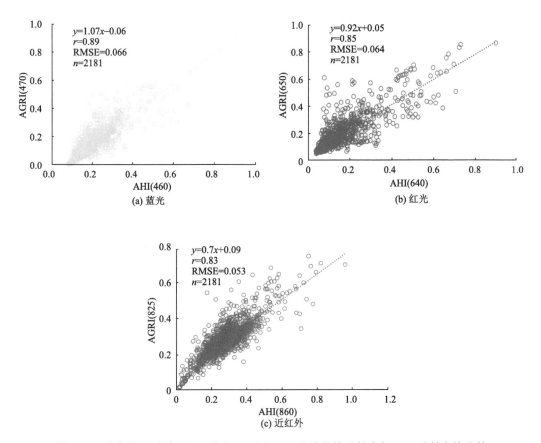

图 2.28　大气校正后的 AGRI 蓝光、红光和近红外波段的反射率与 AHI 反射率的比较

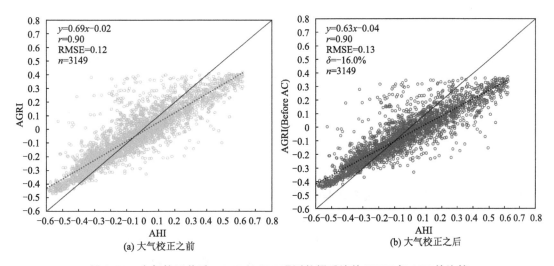

图 2.29　大气校正前后 FY-4B/AGRI 观测数据反演的 NDVI 与 AHI 的比较

wari-8/AHI 的卫星影像进行比较,直观比较 FY-4B/AGRI 和 Himawari-8/AHI 影像计算的 NDVI。图 2.30 为 2022 年 10 月 11 日 11 时 AGRI 和 AHI 计算的 NDVI 图,其中图 2.30a 和图 2.30c 分别为大气校正后的 FY-4B/AGRI 多通道合成图和计算的 NDVI 图,图 2.30b 和图 2.30d 分别为 Himawari-8/AHI 多通道合成图和计算的 NDVI 图。由图可以看出,总体

上,大气校正后从 FY-4B/AGRI 观测数据提取的 NDVI 能较好地反映多通道合成图上湖面蓝藻水华的分布和密集程度,与 Himawari-8/AHI 提取的 NDVI 及其分布也基本一致,表明 FY-4B/AGRI 的影像质量与 Himawari-8/AHI 大体相当。

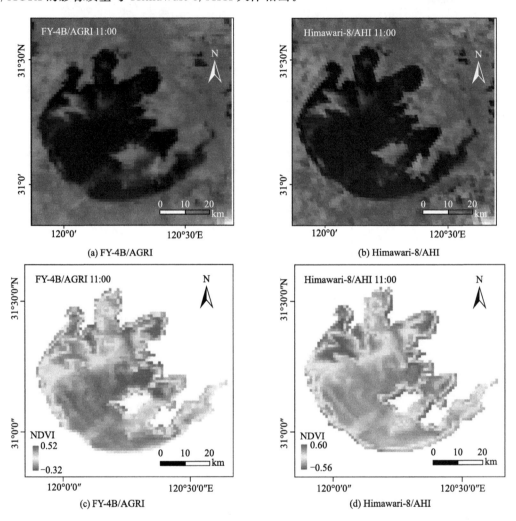

图 2.30　2022 年 10 月 11 日 11 时 AGRI 和 AHI 计算的 NDVI 图

2.5.4　结果与分析

1. FY-4B/AGRI 数据反演蓝藻水华空间分布

在确定合适的阈值后,可以容易地识别太湖蓝藻卫星图像中的像素。然后,可以从 AGRI 影像中量化蓝藻水华的面积和覆盖度。我们处理了太湖的 8 张 FVC 影像,这些影像是在接近无云的一天,从 10—17 时获得的逐小时影像,并使用 FVC 估计了蓝藻斑块的面积和覆盖程度(图 2.31a),然后将结果与 Himawari-8/AHI 并行测量得到的蓝藻斑块的面积和覆盖程度进行比较(图 2.31b)。为了突出已识别蓝藻斑的覆盖程度,将覆盖范围主观上分为 3 个级别,并使用 3 种不同的颜色(即,绿色:FVC<30%,黄色:30%<FVC<60%,红色:FVC>60%)进行描述,如图 2.31 所示。可以看出,蓝藻水华的空间分布格局与相应 RGB 假彩色合成图像显示的格局非常相似。由 AGRI 观测数据估算的蓝藻水华的面积总体上略小于由 AHI 估算的面积,平均差 9% 左右。此外,从 10 时到 17 时的每个时次的 AGRI 影像中得出的蓝藻斑块的空间分布格局、面积和覆盖程度与从同步观测的 AHI 影像中得到的结果高度一致。AGRI 与 AHI 和 RGB 影像的交叉验证增加了 FY-4B/AGRI 观测蓝藻水华特征的信心。

2. FY-4B/AGRI 数据监测蓝藻水华时空变化

在 2022 年 10 月 11 日的案例中,FY-4B/AGRI 测量得到的蓝藻斑块面积的时间变化也与 AHI 得到的结果一致,相关系数达 0.97(图 2.32)。AGRI 和 AHI 测量得到的蓝藻斑块的面积从大约 10 时左右增加到大约 13 时,然后逐渐减少。此外,在这 8 对 AGRI 和 AHI 同时次测量得到的蓝藻水华覆盖度影像上,覆盖度的空间分布相关系数在 0.89~0.98(平均值 = 0.95)。这些研究结果表明,AGRI 图像得到的蓝藻斑块面积的日变化与 AHI 图像得到的结果高度一致。

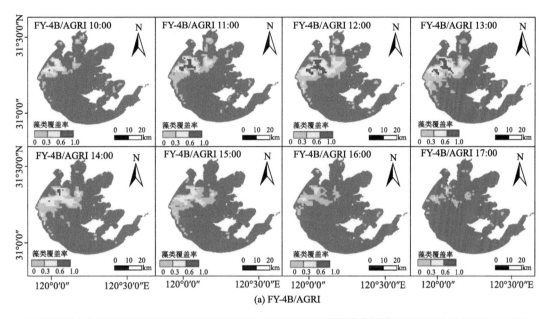

(a) FY-4B/AGRI

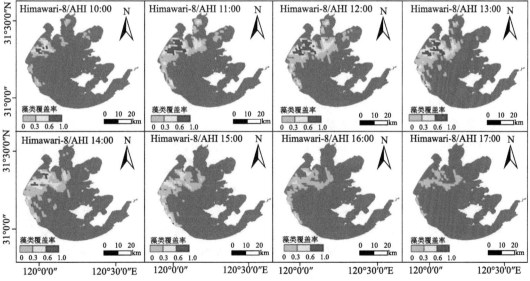

(b) Himawari-8/AHI

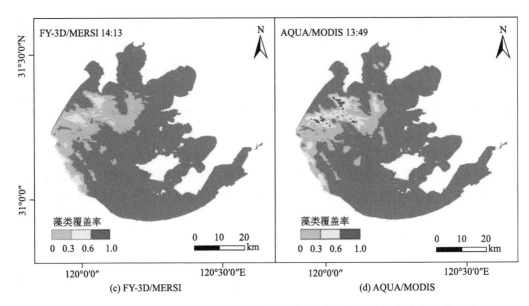

图 2.31　2022 年 10 月 11 日由不同卫星传感器测量数据反演的蓝藻水华覆盖度图

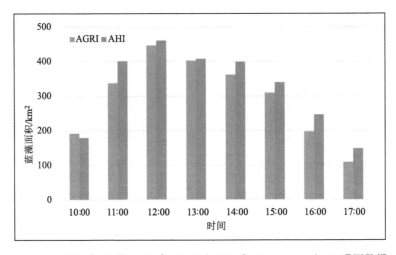

图 2.32　2022 年 10 月 11 日由 FY-4B/AGRI 和 Himawari-8/AHI 观测数据
反演的太湖蓝藻水华面积

　　使用由 FY-4B/AGRI 计算得到的多时次蓝藻水华覆盖度影像,可以比仅使用 MODIS 或 MERSI 测量值更详细地判识太湖蓝藻水华的日变化。例如,在 2022 年 10 月 11 日,静止卫星 FY-4B/AGRI 和 Himawari-8/AHI 的测量结果均表明,蓝藻水华面积在大约 12 时达到最大值。多时次 AGRI 影像也显示出了蓝藻斑块逐渐扩大的过程(图 2.31)。大约在上午 10 时左右,主要的蓝藻水华斑块出现在太湖的西北部,另一个小斑块出现在主要斑块的东部。2 个斑块逐渐扩大,蓝藻水华覆盖值也增加。在大约 11 时,2 个蓝藻斑块似乎合并成一个持续扩张的大型蓝藻斑块。在大约 12 时,蓝藻斑块达到一个最大规模,并一直保持到 14 时左右。从大约 15 时开始,大规模蓝藻斑块逐渐收缩,到 17 时左右,斑块大小已小于最大面积的三分之一。然而,在其面积变化期间,蓝藻斑块并没有出现明显的水平移动,这可能反映出蓝藻斑块没有受到明显外力(如强风)的影响。事实上,据统计,当天太湖 5 个气象观测站的日平均风速仅为 $1.3\ \mathrm{m\cdot s^{-1}}$,为轻微风等级。因此,蓝藻斑块区域的这种快速波动没有明显的水平运动,很可能代表了浮游植物动态引起的日变化。这表明,在没有大风事件的情况下,一天中蓝藻水华覆盖度值的变化可以被视为蓝藻垂直迁移的合理解释,与先前一些研究的结果类似。

从 2022 年 10 月 22 日的实例来看,由 FY-4B/AGRI 观测得到的蓝藻水华的时空变化也与 Himawari-8/AHI 观测的结果一致,如图 2.33 所示。该图以 30 min 的时间间隔,用 20 对相匹配

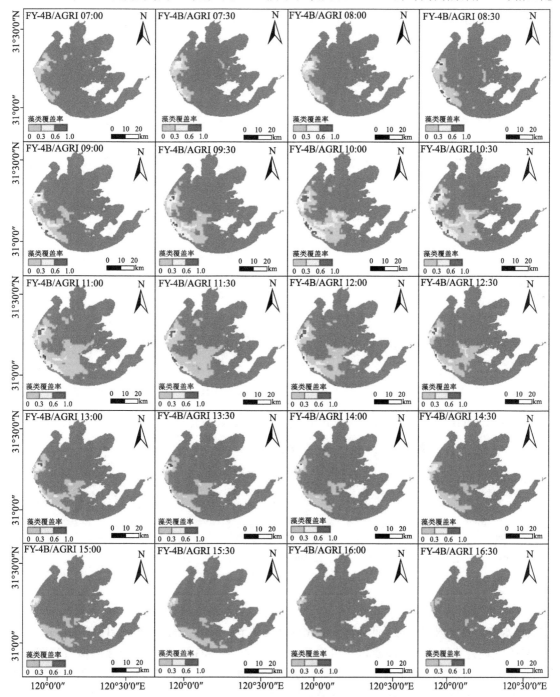

(a) FY-4B/AGRI

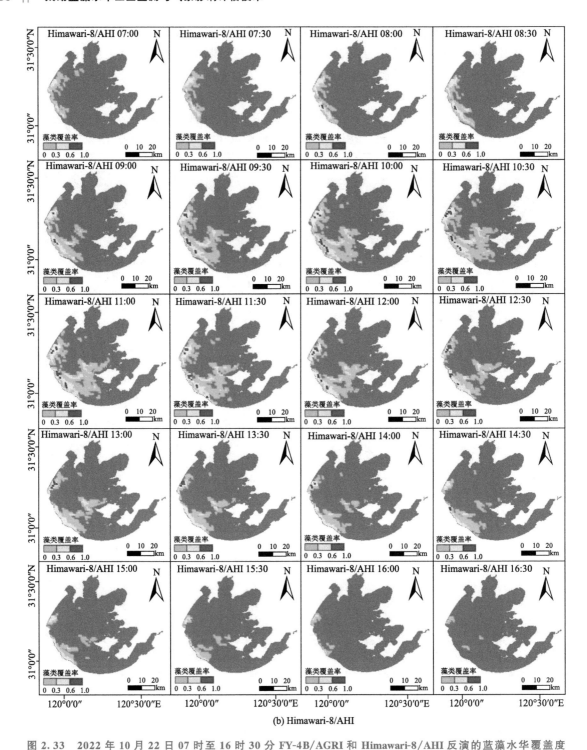

图 2.33　2022 年 10 月 22 日 07 时至 16 时 30 分 FY-4B/AGRI 和 Himawari-8/AHI 反演的蓝藻水华覆盖度

的蓝藻水华覆盖度图像描述了蓝藻水华变化的其他细节。20 对图像,一组来自 AGRI,另一组来自 AHI,它们计算得到的蓝藻面积的相关系数达 0.92。由 AGRI 和 AHI 推导的覆盖度图均显示,蓝藻斑块的面积从约 07 时增加到约 11 时,然后逐步减少。从图 2.33 蓝藻面积变化情况来看,蓝藻斑块的总面积在上午 11 时达到最大值,约 531 km²,覆盖了湖泊中部和西南部沿海地区的一部分。从大约 12 时开始,蓝藻斑块开始收缩,直到 16 时 30 分左右,此时湖面上只剩下 3 个小的蓝藻斑块,面积小于 50 km²。这一结果表明,AGRI 和 AHI 不仅在展示蓝藻斑块面积的日变化上表现得较为一致,而且揭示的蓝藻斑块空间格局的日变化也高度一致。

显然,静止卫星的高频测量为观察动态变化的水生态系统的生态事件提供了更大的可能性和更好的机会,这反过来支持对此类事件的更精确解释,这些生态事件对研究和生态系统管理都很重要。从图 2.33 中的示例中还可以看出,太湖西北沿岸地区约 07 时左右出现了一个狭窄的藻类斑块,这要比 TERRA/MODIS 和 FY-3D/MERSI 观测到的分别早了 3 h 和 7 h。随后的图像显示,蓝藻水华的面积逐渐扩大,强度也逐渐增加。根据从高频影像中获得的这些重要信息,供水管理部门可以预先评估蓝藻水华未来是否会大规模发展,并据此采取适当的措施防止其成为生态灾害。然而,仅使用 MODIS(通过 AQUA 和 TERRA 每天观测 2 次)或 MERSI(通过 FY-3D 每天观测 1 次)的观测数据难以确定蓝藻斑块面积和移动的这种日变化(图 2.34)。此外,根据 AGRI 和 AHI 确定的最大蓝藻水华面积分别为 531 km² 和 520 km²,

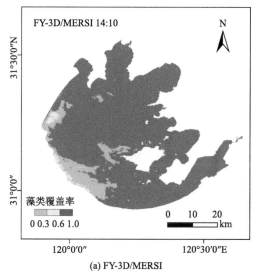

(a) FY-3D/MERSI

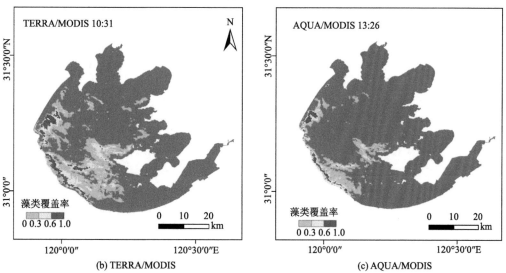

(b) TERRA/MODIS　　　　　　　　　　　　　　(c) AQUA/MODIS

图 2.34　2022 年 10 月 22 日由 FY-3D/MERSI 和 TERRA/AQUA/MODIS 反演的蓝藻水华覆盖度

出现在 11 时左右(图 2.35)。而从 FY-3D/MERSI 和 AQUA/MODIS 由于它们的过境时间
离 11 时较远,它们观测到的面积分别只有 237 km² 和 263 km²,远低于静止卫星观测到的最
大面积。而由于 TERRA/MODIS 的过境时间为 10 时 30 分,比较接近 11 时,观测到的蓝藻
水华面积为 529 km²,非常接近当天的最大面积。这表明,使用太阳同步轨道卫星每天 1 次的
观测结果来表示蓝藻水华的每日最大或平均面积可能是不准确的,这是以前大多数研究中经
常使用的方法。如果没有像 AGRI 这样的传感器来提供对蓝藻水华的高频观测,仅仅使用极
轨卫星获取的数据来估计蓝藻水华的长期变化,可能会错过或低估某些蓝藻水华特征、频率分
布和生物量的细节。这种蓝藻水华覆盖程度的高频信息对于预测预警有害蓝藻水华以确保饮
用水供应安全和提高对蓝藻动力学的科学理解都很重要。

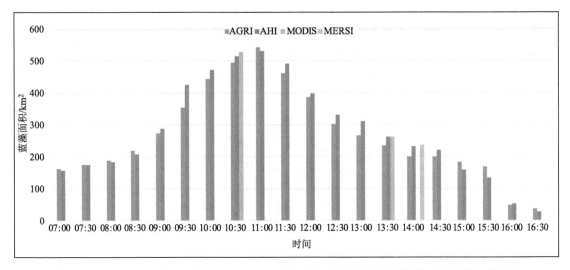

图 2.35 2022 年 10 月 22 日由 AGRI、AHI、MODIS 和 MERSI 数据反演的太湖蓝藻水华面积

第 3 章　太湖蓝藻水华时空变化特征

　　受人类活动和气候变化的共同影响,太湖水质从 20 世纪 80 年代后期进入富营养化状态,并在 2000 年以后呈现出加重趋势。而近些年随着太湖区域污染治理工作的加强,太湖营养盐浓度总体上从 2007 年开始持续下降,但水质富营养化的状况并没有得到根本改变。与之相对应的是,太湖蓝藻水华也经历了从局部发生到近乎全区域、大面积发生的过程,成为目前困扰太湖的主要生态灾害之一。本章采用风云系列等卫星和 TERRA、AQUA 卫星等多源遥感数据,开展了太湖蓝藻水华面积、频次和强度等信息的定量化监测,并详细分析了太湖蓝藻水华月、季、年尺度的时间变化格局和不同湖区的空间分布特征,深入、全面地研究了自 2003 年以来太湖蓝藻水华的时空变化规律,试图为蓝藻水华监测预警和防控提供科学依据。

3.1　卫星遥感太湖蓝藻水华总体概况

　　江苏省气象局自 20 世纪 90 年代开始研究太湖水质和蓝藻水华的卫星遥感监测技术,随着 2007 年太湖蓝藻暴发,卫星遥感监测太湖蓝藻水华成为一项常规性的业务工作,每天都实时、动态监测蓝藻水华的发生发展,为政府部门制定太湖治理和蓝藻水华防控措施提供了重要依据。业务开展使用的卫星数据主要包括风云三号极轨气象卫星和风云二号、四号静止气象卫星,高分卫星等国产卫星观测数据以及 TERRA、AQUA 极轨气象卫星和葵花系列静止气象卫星等国外的卫星观测数据,对应的时间分辨率最高可达分钟级,空间分辨率最高可达 10 m 级。遥感监测方法主要基于蓝藻水华的光谱特征构建光谱指数,结合阈值提取,获取蓝藻水华的面积、频次、强度和位置等定量化信息。根据长期的卫星观测结果,2003—2022 年太湖蓝藻水华聚集时间、面积、区域、频次和强度等信息的总体概况见表 3.1、图 3.1 和图 3.2。

　　根据观测结果(表 3.1),2003—2022 年,卫星每年都能观测到蓝藻水华的聚集现象。20 年里,太湖蓝藻水华年平均累计面积为 13560 km²,其中 2017 年面积最大,达 25273 km²,为历年平均面积的 1.9 倍,2003 年最小,为 3925 km²,仅为历年平均面积的 29%。单次蓝藻水华的平均面积为 145 km²,其中 2006 年最大,达 320 km²,2013 年最小,为 85 km²。单次蓝藻水华最大面积为 1317 km²,约占太湖水面面积的 56%,出现于 2006 年 8 月 13 日。2003—2022 年卫星观测到蓝藻水华的频次累计为 1973 次,年平均为 99 次,其中 2019 年最高,达 160 次,2003 年最低,为 33 次。卫星监测到蓝藻水华的时间最早为 2020 年 1 月 6 日,最晚为 2016 年 12 月 31 日和 2022 年 12 月 31 日,表明在几乎贯穿整个一年的时间里,太湖都有可能出现蓝藻水华聚集现象。

表 3.1 2003—2022 年气象卫星观测太湖蓝藻水华的基本概况

统计要素	结果与描述	时间
年平均面积	13560 km²	2003—2022 年
单次最大面积	1317 km²,占太湖面积的 56%	2006 年 8 月 13 日
年最大累计面积	25273 km²,是历年平均值的 1.9 倍	2017 年
年最大平均面积	320 km²,是历年平均值的 2.2 倍	2006 年
年最小平均面积	85 km²,是历年平均值的 59%	2013 年
历年累计频次	1973 次	2003—2022 年
年平均频次	99 次	2003—2022 年
年最大频次	160 次	2019 年
年最小频次	33 次	2003 年
最早出现时间与面积	面积 105 km²	2020 年 1 月 6 日
最晚出现时间与面积	面积 163 km²	2016 年 12 月 31 日
	面积 22 km²	2022 年 12 月 31 日

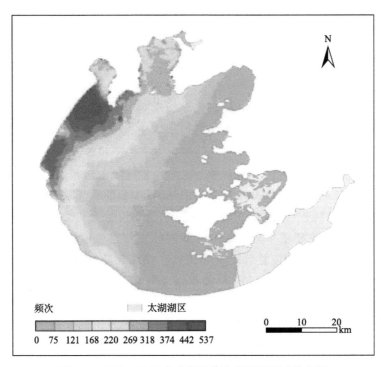

图 3.1 2003—2022 年太湖蓝藻水华频次区域分布图

从蓝藻水华的空间分布情况来看(图 3.1),除太湖东部局部区域外,卫星观测到的蓝藻水华几乎覆盖了整个湖区,蓝藻水华发生频次从西部沿岸到东部沿岸,呈依次递减的趋势,主要聚集区域为西部沿岸区、梅梁湖、竺山湖及湖心区西北部,聚集次数超过了 200 次,而东部区域不到 100 次。

根据蓝藻水华聚集程度等级划分标准,将卫星遥感蓝藻水华分成 3 个等级,具体为:轻度:

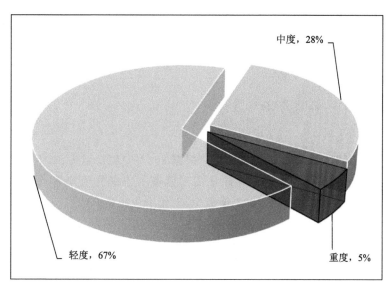

图 3.2　2003—2022 年太湖蓝藻水华各强度面积占比图

$0<FVC_i\leqslant30\%$；中度：$30\%<FVC_i\leqslant60\%$；重度：$60\%<FVC_i\leqslant100\%$，其中 FVC_i 为单像元蓝藻覆盖度。从 2003 年以来蓝藻水华聚集的程度来看（图 3.2），太湖蓝藻水华总体上以轻度为主，轻度累计面积占比达 67%，中度累计面积占比为 28%，重度累计面积仅占总面积的 5%。

卫星监测发现，2003—2022 年太湖出现单次面积超过 1000 km² 的大范围蓝藻水华共 6 次，分别为 2006 年 8 月 13 日的 1317 km²，2006 年 8 月 27 日的 1248 km²，2007 年 9 月 8 日的 1050 km²，2007 年 11 月 20 日的 1050 km²，2007 年 11 月 21 日的 1150 km²，2017 年 5 月 6 日的 1080 km²。以 2020 年 6 月 30 日为例（蓝藻水华面积为 984 km²），我们通过卫星遥感影像可以了解到当时太湖蓝藻水华的严重程度（图 3.3）。

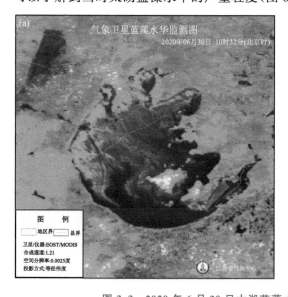
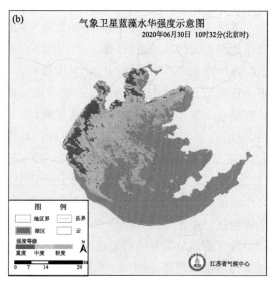

图 3.3　2020 年 6 月 30 日太湖蓝藻水华卫星遥感监测图（a）和强度图（b）

3.2 太湖蓝藻水华时间分布特征与变化

3.2.1 太湖蓝藻水华年际分布与变化

1. 频次的年际变化

太湖蓝藻水华年频次数呈明显增加趋势。根据 2003—2022 年共 20 年的每日卫星遥感监测分析的结果(图 3.4),卫星监测到太湖湖面出现蓝藻水华聚集现象累计 1973 次,平均每年 99 次,其中 2019 年最多,达 160 次,2003 年最少,一年中仅出现 33 次。值得注意的是,在不考虑太湖湖面的上空区域全部被云覆盖的情况下,卫星监测到的太湖蓝藻水华发生频次在 2003—2022 年内总体上呈现明显的线性增加趋势。

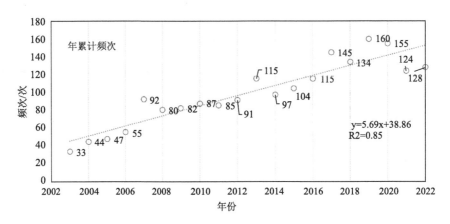

图 3.4　2003—2022 年太湖蓝藻水华频次年际变化图

2. 面积的年际变化

太湖蓝藻水华累计面积的年际变化呈明显的双峰特征,且整体随时间为增加趋势。多年卫星监测的统计结果表明(表 3.2):自 2003 年以来,太湖蓝藻水华总累计面积达 271199 km²,平均每年约 13560 km²,其中 2017 年最大,一年内监测到蓝藻水华面积约 25273 km²,是历年平均值的 1.9 倍,2003 年最小,一年中仅监测到 3925 km² 蓝藻水华,不足历年均值的 30%。从蓝藻水华累计面积的年际分布情况看(图 3.5),近 20 年的累计面积出现了两个明显的高峰期,分别为 2007 年前后和 2017 年前后。具体来说,即累计面积在 2003—2007 年逐年持续增大,并在 2007 年达到第一个峰值 23396 km²,此后便开始缩小,在 2014 年达到继 2003 年(3925 km²)之后的又一低值,9502 km²;2014—2017 年累计面积逐年增大,在 2017 年达到第二个峰值,同时也是近 20 年累计面积的峰值,而 2017 年之后,蓝藻水华累计面积开始呈现减小的趋势。由此可见,2003—2022 年卫星监测的太湖蓝藻水华年累计面积以 2007 年和 2017 年为峰值整体呈明显的周期性变化。总体来看,2003 年以来的太湖蓝藻水华累计面积随时间呈线性增大的趋势,其中 2006 年、2007 年、2017 年、2019 年和 2020 年的蓝藻水华累计面积偏大,对应的面积距平百分率均在 30% 以上,而 2003 年、2004 年、2009 年和 2014 年的蓝藻水华累计面积偏小,对应的面积距平百分率均小于 −30%。

表 3.2　2003—2022 年历年太湖蓝藻水华累计面积、最大面积和平均面积(单位：km^2)

年份	累计面积	最大面积	平均面积
2003	3925	365	119
2004	5546	537	126
2005	10630	873	226
2006	17608	1317	320
2007	23396	1150	254
2008	14500	600	181
2009	8430	576	103
2010	15407	864	177
2011	10797	534	127
2012	10093	652	111
2013	9751	580	85
2014	9502	419	98
2015	12835	730	123
2016	13394	623	116
2017	25273	1080	174
2018	14726	475	110
2019	21750	994	136
2020	18313	984	118
2021	13165	894	106
2022	12158	476	95
平均	13560	736	145

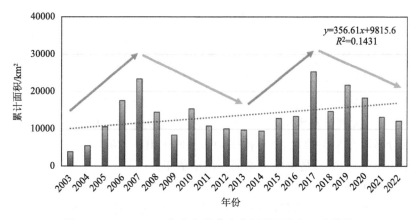

图 3.5　2003—2022 年太湖蓝藻水华累计面积年际变化图

太湖蓝藻水华单次最大面积的年际变化也呈双峰特征,但整体随时间的变化趋势不明显。统计数据显示(表3.2),近20年里,太湖最大一次的蓝藻水华面积达1317 km²,是历年均值(736 km²)的1.8倍,出现于2006年,2003年最大一次蓝藻水华面积仅为365 km²,不足年均值的50%。而从年际分布来看(图3.6),太湖蓝藻水华单次最大面积年际变化曲线大致呈现双峰特征,分别位于2006年和2017年前后。具体来说,从2003年开始,单次最大面积逐年持续增加,至2006年达到近20年的峰值(第一个峰值);2007年的最大一次蓝藻水华面积也达1150 km²,但之后最大面积开始迅速减小,2014年达到继2003年(365 km²)之后的又一低值,419 km²;2014—2017年单次蓝藻水华最大面积呈增大趋势,并在2017年再次突破1000 km²,达1080 km²,成为近20年第三大值(第二个峰值);而2017年之后,最大面积开始呈现减小趋势。由此可见,与年累计面积的特征类似,2003—2022年卫星监测的太湖蓝藻水华单次最大面积以2006年和2017年为峰值大致呈现周期性变化。另外,总体上看,2003年以来的太湖蓝藻水华单次最大面积随时间的变化趋势几乎不变,其中2006年、2007年、2017年、2019年和2020年的蓝藻水华最大面积偏大,对应的面积距平百分率均在30%以上;2003年、2014年、2018年和2022年的蓝藻水华最大面积偏小,对应的面积距平百分率均小于-30%。

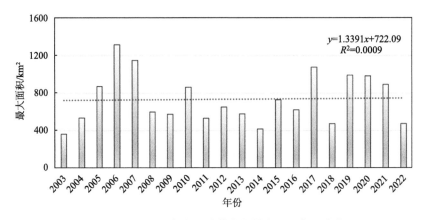

图3.6 2003—2022年太湖蓝藻水华最大面积年际变化图

太湖蓝藻水华单次平均面积的年际变化呈单峰特征,整体随时间为减少趋势。统计数据表明(表3.2):卫星监测到的太湖蓝藻水华历年单次平均面积的均值为145 km²,其中2006年最大,为320 km²,是历年均值的2.2倍,2013年最小,为85 km²,不足历年均值的60%。从年际分布特征上看(图3.7),太湖蓝藻水华单次平均面积年际变化曲线为明显的单峰特征。具体来说,平均面积在最初的两年(2003—2004年)变化较小,从2005年开始,平均面积开始迅速增大,至2006年达到近20年的峰值,且2006年较2003年的面积增幅达2.7倍;2006年之后一直到2022年,平均面积处于整体减小的变化趋势。由此可见,自2003年以来,尤其是自2006—2022年期间,太湖蓝藻水华单次平均面积整体呈明显的减小趋势,其中2005—2007年的面积距平百分率均在30%以上,是单次平均面积的大值年;2013年、2014年和2022年的面积距平百分率均小于-30%,是单次平均面积的小值年。

3. 强度的年际变化

太湖蓝藻水华各等级强度的年际变化较为明显。将太湖蓝藻水华面积进一步分成轻度、中度和重度3个等级,统计各个等级的面积信息,如表3.3所示,2003—2022年轻度、中度和

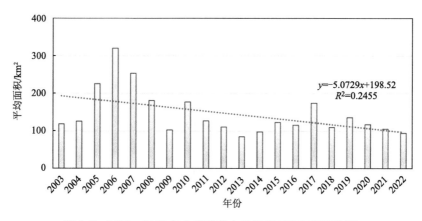

图 3.7　2003—2022 年太湖蓝藻水华平均面积年际变化图

表 3.3　2003—2022 年历年太湖蓝藻水华轻度、中度和重度面积(单位:km²)以及中等以上占比

年份	轻度面积	中度面积	重度面积	中度以上占比/%
2003	2465	1246	214	37
2004	4124	1205	217	26
2005	8898	1597	135	16
2006	10588	5827	1193	40
2007	15089	7275	1032	36
2008	7038	6475	987	51
2009	3029	4784	617	64
2010	11273	3674	460	27
2011	7984	2487	326	26
2012	6742	2841	510	33
2013	7030	2372	349	28
2014	5459	3410	633	43
2015	7950	4131	754	38
2016	8860	3909	625	34
2017	17265	6842	1166	32
2018	10522	3537	667	29
2019	15604	5346	800	28
2020	13146	4253	914	28
2021	9770	2866	529	26
2022	8634	2935	589	29
平均	9073	3851	636	33

重度 3 类不同等级对应的蓝藻水华累计面积总和分别为 181470 km²、77012 km² 和 12717 km²，分别占总的累计面积 271199 km² 的 67%、28% 和 5%，表明太湖蓝藻水华总体上以轻度和中度为主（合计占比 95%），仅有约 5% 的面积为重度。此外，表 3.3 还给出了历年中度等级以上蓝藻水华的面积占比，近 20 年来中度等级以上的蓝藻水华面积占比均值为 33%，其中 2009 年和 2008 年占比超过了 50%，2005 年仅占比 16%。进一步，分析中度等级以上蓝藻水华面积的年际变化，由图 3.8 可知，2003—2005 年中度和重度蓝藻水华面积均维持较低水平，之后快速增大，在 2007 年中度面积达到近 20 年的峰值，为 7275 km²，而重度面积则在此前的 2006 年即达到近 20 年的峰值，为 1193 km²；此后，中度和重度面积均持续下降，直至 2013 年；2014 年 2 个等级的蓝藻水华面积开始触底反弹，呈波动增加态势，至 2017 年再度达到阶段新高，中度和重度蓝藻水华面积分别达 6842 km² 和 1166 km²，均成为近 20 年的第二大值。因此，与年累计面积和单次最大面积的特征类似，2003—2022 年卫星监测的太湖蓝藻水华的中度和重度面积分别以 2007 年、2017 年和 2006 年、2017 年为双峰值大致呈现周期性变化。同时，图 3.8 还展示了中度等级以上面积占比的年际变化，中度等级以上面积占比在 2009 年之前呈波动上升趋势，在 2009 年之后呈波动下降趋势，整体以 2009 年为最大值呈单峰特征分布。

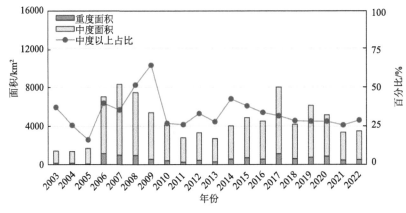

图 3.8　2003—2022 年太湖蓝藻水华中度以上面积年际变化图

4. 大面积蓝藻水华的年际变化

大面积蓝藻水华累计面积和发生频次对应的年际变化大致呈双峰特征。为进一步分析大面积蓝藻水华的发生规律，我们选取了太湖总面积的 20%、约 468 km² 作为大面积蓝藻水华的参考阈值，即当卫星遥感监测蓝藻水华面积≥468 km² 时，则定义此次为大面积蓝藻水华。图 3.9 展示了基于卫星监测的历年大面积蓝藻水华的发生频次和累计面积情况，2003—2022 年共记录到 113 次大面积蓝藻水华，平均每年约有 6 次，其中 2007 年和 2017 年最多，均高达 15 次，2006 年次之，为 14 次，2020 年和 2019 年分别有 11 次和 10 次，其他年份均不足 10 次，2003 年和 2014 年未监测到大面积蓝藻水华。20 年大面积蓝藻水华对应的总累计面积为 74895 km²，平均每年约有 3745 km²，其中最大的一年为 2006 年，达 11037 km²，2007 年次之，为 10862 km²，这也是仅有的大面积蓝藻水华累计面积超过 10000 km² 的 2 个年份；此外，2017 年的大面积蓝藻水华累计面积也较大，为 9816 km²，其他年份均不超过 7500 km²。由此可知，2006—2007 年和 2017 年是大面积蓝藻水华集中出现的 2 个时期。

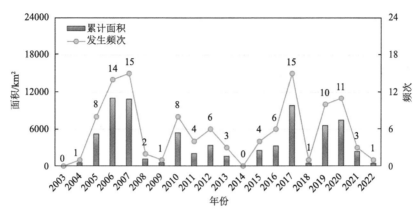

图 3.9   2003—2013 年太湖大面积蓝藻水华累计面积与频次年际变化图

5.5—11 月蓝藻水华的年际变化

通常将每年的 5—11 月称为太湖蓝藻水华的活跃期,这一时期随着气温的升高,蓝藻光合作用强,细胞增殖快,生物量迅速增长,在适宜气温、风速和光照等环境条件影响下易大量聚集形成水华,卫星观测到蓝藻水华的频次和面积迅速增加,是大面积蓝藻水华集中暴发的时期,也是政府防控蓝藻水华和保障饮用水安全的关键时期,因此考察这一时期蓝藻水华的变化规律具有重要的现实意义。

根据卫星遥感监测的结果(图 3.10),2003 年以来,活跃期太湖蓝藻水华累计频次呈现明显的波动上升趋势,2003 年最少仅为 33 次,至 2019 年达近 20 年间的最大值 137 次。活跃期的蓝藻水华累计面积也呈缓慢的上升趋势,2003 年最小,仅为 3925 km²,2017 年达近 20 年间的最大值 22679 km²;这一阶段的蓝藻水华累计面积分布也呈现明显的双峰特征,除了 2017 的最高峰值外,2007 年也是次高峰,这一年活跃期蓝藻水华累计面积达 19996 km²。

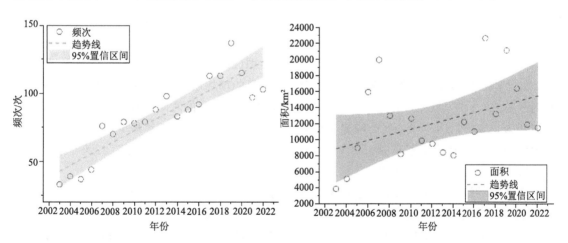

图 3.10   2003—2022 年活跃期(5—11 月)太湖蓝藻水华年际变化图

3.2.2   太湖蓝藻水华季节分布与变化

1. 频次的季节特征与变化

太湖蓝藻水华频次呈现明显的季节分布特征。根据 2003—2022 年卫星监测到的太湖蓝藻水华各季节发生频次分布图(图 3.11)可以看出,夏季是一年中蓝藻水华出现最多的季节,占全部总频次的 37%,频次高达 739 次;秋季次之,对应的蓝藻水华发生频次占比和频次分别为 36% 和 702 次;春季的蓝藻水华发生频次较夏、秋两季明显减少,频次占比为 19%,频次为 375 次;冬季的蓝藻水华发生频次最小,仅有 157 次,占总频次的 8%。由此可知,夏季和秋季主要是太湖蓝藻水华的活跃增长期,发生频繁,春季主要是蓝藻水华的生长复苏期,出现频次明显减少,冬季开始蓝藻水华逐渐下沉直至进入越冬休眠期,卫星监测到蓝藻水华的频次较少。

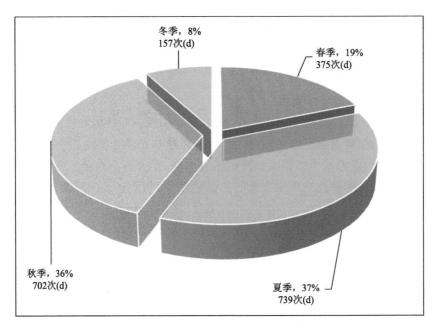

图 3.11　2003—2023 年太湖蓝藻水华各季节发生频次分布图

　　2003 年以来,各季节太湖蓝藻水华的频次数都呈现了波动上升的趋势。从 2003—2022 年卫星监测到的各季节太湖蓝藻水华频次年际变化图(图 3.12)可以看出,春季、夏季、秋季和冬季 4 个季节的蓝藻水华频次都随时间出现了较明显的增加趋势,其中春季、夏季和秋季相对更为明显,冬季稍显缓慢。各个季节蓝藻水华的频次出现峰值的时间略有差异,春季出现峰值的时间为 2020 年,达 43 次;夏季峰值时间为 2019 年,达 60 次,2005 年最少,仅为 11 次;秋季峰值时间也为 2019 年,达 55 次,2003 年最少,仅为 17 次;冬季峰值时间为 2022 年,为 22 次。

　　2. 面积的季节特征与变化

　　图 3.13 展示了 2003—2022 年各季节太湖蓝藻水华累计面积的分布特征。由图可以看到,秋季是卫星监测到蓝藻水华累计面积最多的季节,累计面积高达 118238 km^2,占总累计面积的 44%;夏季次之,对应的蓝藻水华面积和占比分别为 90044 km^2 和 33%;春季的蓝藻水华面积较秋、夏两季明显减少,为 45465 km^2,占比为 17%;冬季的蓝藻水华面积最少,仅有 17452 km^2,占总累计面积的 6%。

　　对比发生频次的季节分布来看,可以发现夏季蓝藻水华的发生频次较秋季多,但前者的累计面积却明显较后者少。而导致这一特征的原因可能有 2 个,其一是夏季中的 6—7 月是梅雨发生的集中期,连续的降水天气会使得卫星很难透过云层监测到完整湖面的真实情况,出现蓝

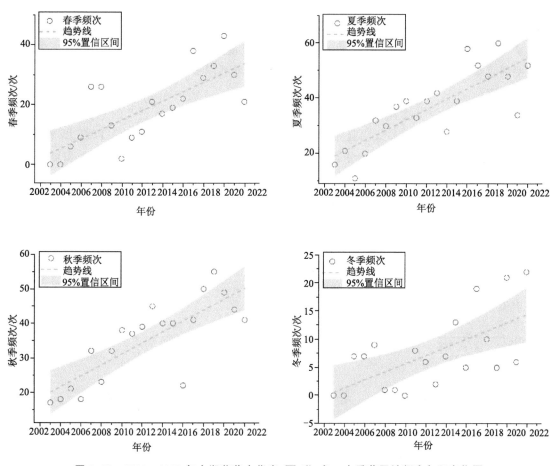

图 3.12 2003—2023 年太湖蓝藻水华春、夏、秋、冬 4 个季节累计频次年际变化图

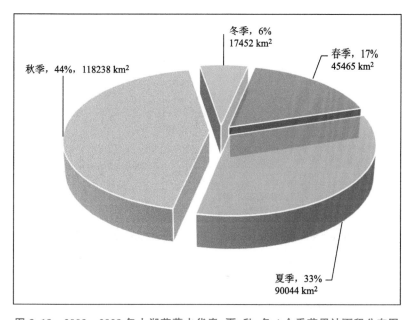

图 3.13 2003—2023 年太湖蓝藻水华春、夏、秋、冬 4 个季节累计面积分布图

藻水华发生但卫星可能监测不到或者不全的情况,从而导致蓝藻水华的有效监测频次和面积比实际少,而且集中降水也会在短时间内起到稀释营养盐浓度和冲刷蓝藻的作用,使其难以形成水华,而秋季(9—11月)则多为晴朗少云的天气,卫星更容易监测到蓝藻水华,因此夏季卫星监测到蓝藻水华的面积相对较小;其二是夏季的持续高温会在一定程度上抑制蓝藻的生长和水华形成。

2003 年以来各季节太湖蓝藻水华的面积总体上都呈现了波动上升的趋势。从 2003—2022 年卫星监测到的各季节太湖蓝藻水华累计面积年际变化图(图 3.14)可以看出,春季、夏季、秋季和冬季 4 个季节的蓝藻水华累计面积都随时间出现了增加趋势,其中春季和夏季相对更为明显,秋季和冬季则不明显。4 个季节蓝藻水华累计面积均呈现双峰特征,但各个季节蓝藻水华面积出现峰值的时间略有不同。具体来说,春季蓝藻水华面积的第 1 次峰值出现在 2008 年,为 5357 km²,2017 年和 2020 年两年再次集中暴发蓝藻水华,春季面积分别达 7689 km² 和 7782 km²;夏季蓝藻水华面积的峰值时间为 2019 年,达 8913 km²,此前的 2006 年为第 2 峰值,面积为 7199 km²;秋季累计最大面积出现在 2007 年,达 11980 km²,第 2 峰值时间为 2017 年,累计面积达 11153 km²;冬季峰值时间为 2011 年和 2017 年,累计蓝藻水华面积分别为 2726 km² 和 2249 km²。

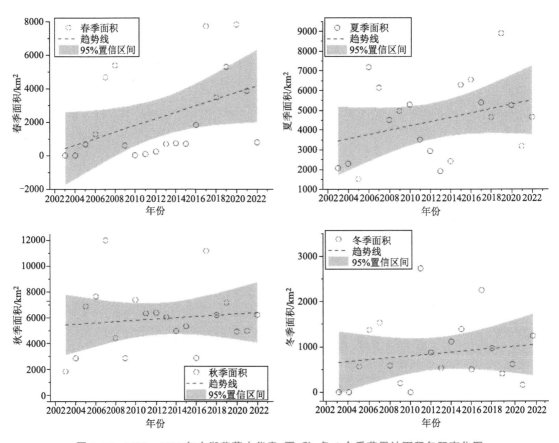

图 3.14　2003—2023 年太湖蓝藻水华春、夏、秋、冬 4 个季节累计面积年际变化图

3. 强度的季节特征与变化

太湖蓝藻水华中度等级以上面积的季节变化较为明显。针对蓝藻水华面积的中度和重度

等级开展了季节分布的特征分析,如图 3.15 所示,近 20 年的太湖蓝藻水华中度和重度面积都集中在秋季和夏季,其中秋季最大,对应的中度面积占总中度面积的 45%,重度面积占总重度面积的 49%;夏季次之,中度和重度面积占比分别为 33% 和 30%。春季的中度和重度面积明显较秋季和夏季减少,对应的占比均为 16%。冬季最少,中度和重度面积占比分别为 6% 和 5%。

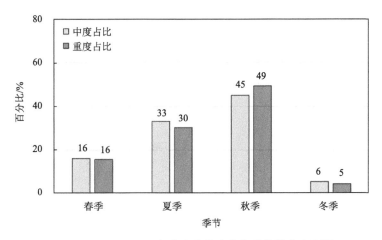

图 3.15　2003—2022 年太湖蓝藻水华各季节强度占比图

2003 年以来各季节太湖蓝藻水华的中度等级以上面积展现了不同的变化趋势。从 2003—2022 年卫星监测到的各季节太湖蓝藻水华中度等级以上面积年际变化图(图 3.16)可以看出,除夏季整体呈减小的趋势外,春季、秋季和冬季整体均呈增大趋势。其中夏季在 2006 年达到峰值之后减小趋势更为明显,冬季在 2017 年达到峰值之前的增大趋势更为明显,而春季和秋季则对应着明显的双峰结构特征,前者的 2 个峰值分别出现在 2008 年和 2017 年,后者的 2 个峰值分别出现在 2007 年和 2017 年。

4. 大面积蓝藻水华的季节特征

卫星监测到的大面积蓝藻水华累计面积和发生频次具有明显的季节特征(图 3.17)。秋季大面积蓝藻水华累计面积和频次是 4 个季节中最大的,累计面积为 34420 km^2,占比 46%,累计频次为 51 次,占比 45%;夏季次之,累计面积为 24568 km^2,占比 33%,累计频次为 38 次,占比 34%;春季累计面积和累计频次分别为 12546 km^2 和 18 次,占比分别为 17% 和 16%,远小于秋季和夏季;冬季最少,累计面积和发生频次仅有 3361 km^2 和 6 次,分别占比 4% 和 5%。

3.2.3　太湖蓝藻水华月际分布与变化

1. 频次的月际特征与变化

太湖蓝藻水华聚集频次月际分布差异明显。2003—2022 年卫星监测到的蓝藻水华在各月均有发生(图 3.18),其中 8 月份最多,平均为 14.9 次,1 月和 2 月最少,均为 0.7 次。1—2 月蓝藻以越冬休眠为主,卫星监测到的蓝藻水华聚集频次平均不到 1 次,3 月份开始复苏生长,但平均频次也仅为 1.1 次;随着气温的上升,4 月起蓝藻复苏生长加快,开始频频聚集形成蓝藻水华,频次上升到 6.6 次;5—10 月是蓝藻水华最活跃的时期,该时段内,除 6 月受梅雨天

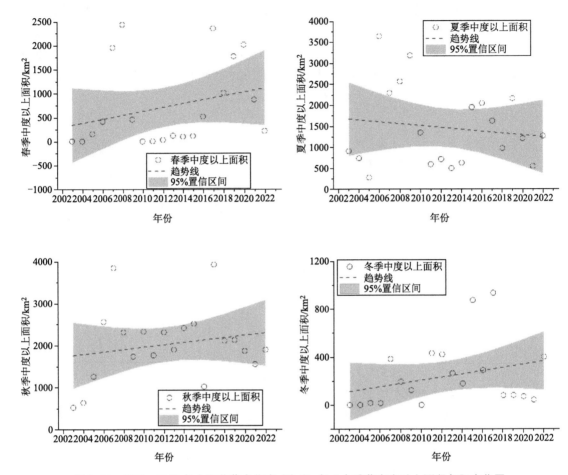

图 3.16   2003—2023 年太湖蓝藻水华春、夏、秋、冬 4 个季节中度以上面积年际变化图

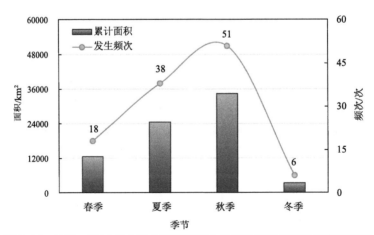

图 3.17   2003—2013 年太湖大面积蓝藻水华累计面积与频次季节变化图

气影响导致卫星有效监测频次减少之外,其他月份的蓝藻水华发生频次平均都超过 10 次;11 月随着气温的明显下降,蓝藻水华逐渐下沉,聚集频次大幅减少,平均频次为 8.0 次,12 月进一步降低至 6.5 次,蓝藻开始逐渐进入越冬休眠期。

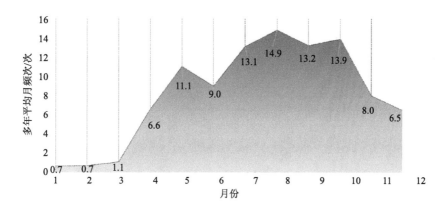

图 3.18　2003—2022 年太湖蓝藻水华月平均频次分布图

　　从 2003—2022 年卫星监测的太湖蓝藻水华逐月累计频次图(图 3.19)可以看出,太湖蓝藻水华呈现了明显的月际周期变化特点,除个别年份外,大多呈现双峰或多峰特征,且自 2007 年(第 49 月)起的频次最高峰值均明显大于前几年。具体为每年的 1—3 月卫星监测到的蓝藻水华频次数很少,4 月开始逐渐增多,5—10 月为蓝藻水华的活跃期,11 月份开始蓝藻水华频次数逐渐减少,12 月开始进入越冬休眠期,如此循环往复,周而复始。从 2003—2022 年卫星监测的太湖蓝藻水华逐月累计频次热力图(图 3.20)可以进一步发现,在 2003—2022 年的 20 年间,除了 1—3 月卫星监测到的蓝藻水华频次数相对较少且基本稳定外,4—12 月各月的蓝藻水华频次数均呈现一个增加趋势,尤其是从 2007 年开始趋势更加明显。

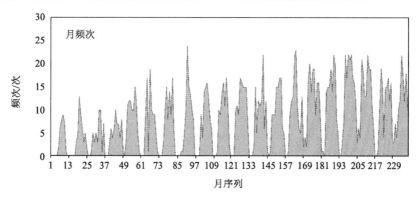

图 3.19　2003—2022 年卫星监测的太湖蓝藻水华逐月累计频次图

2. 面积的月际变化特征

　　太湖蓝藻水华面积的月际变化特征与频次类似,也存在明显的差异。从 2003—2022 年卫星监测的太湖蓝藻水华逐月累计面积图(图 3.21)可以看出,太湖蓝藻水华面积也呈现了明显的月际周期变化特点,除个别年份外,大多呈现双峰或多峰特征,且自 2005 年(第 25 月)起,蓝藻水华面积最高峰值呈明显增大趋势,2006 年、2007 年、2010 年、2017 年、2019 年和 2020 年的蓝藻水华面积最高峰值明显大于其余年份,2003 年、2004 年、2009 年、2012 年和 2014 年的峰值相对较低。从 2003—2022 年卫星监测的太湖蓝藻水华逐月累计面积热力图(图 3.22)可以进一步发现,在 2003—2022 年的 20 年间,2006—2007 年和 2017—2020 年为蓝藻水华面积较大的两个时期,1—3 月卫星监测到的蓝藻水华累计面积相对较小,4—12 月各月的蓝藻水华累计面积相对较大,其中 5—7 月和 11 月总体上呈增加趋势。

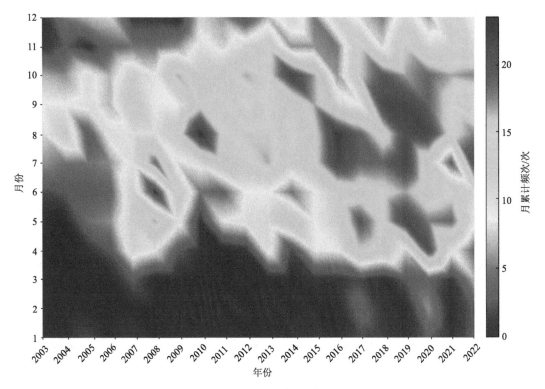

图 3.20　2003—2022 年卫星监测的太湖蓝藻水华逐月累计频次热力图

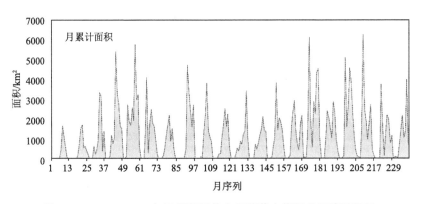

图 3.21　2003—2022 年卫星监测的太湖蓝藻水华逐月累计面积图

　　表 3.4 列出了 2003—2022 年太湖各月蓝藻水华累计面积、最大面积和平均面积。卫星监测到的蓝藻水华面积主要集中于 5—12 月,累计面积为 16872~47422 km²,最大面积为 676~1317 km²,平均面积为 110~181 km²;4 月份明显减小,累计面积、最大面积和平均面积分别为 8940 km²、426 km² 和 68 km²;1—3 月的面积几乎可以忽略。其中,9 月的蓝藻水华累计面积达到最大,为 47422 km²;10 月和 8 月次之,均超过 40000 km²;接下来为 5 月的 36259 km²;单次蓝藻水华面积的最大值出现在 8 月,为 1317 km²,平均面积的最大值出现在 11 月,为 181 km²,9 月的平均面积也达到了 180 km²。综合来看,太湖蓝藻水华集中出现于 5—12 月这段时间,且易暴发大面积蓝藻水华。

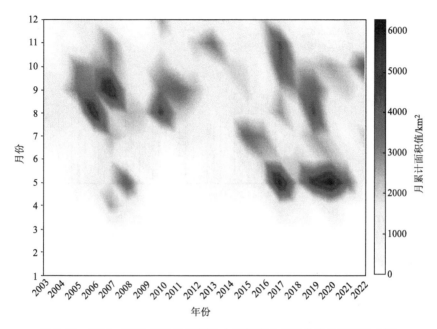

图 3.22　2003—2022 年卫星监测的太湖蓝藻水华逐月累计面积热力图

表 3.4　2003—2022 年太湖各月蓝藻水华累计面积、最大面积和平均面积(单位:km²)

月份	累计面积	最大面积	平均面积
1	365	152	28
2	215	31	15
3	266	43	12
4	8940	426	68
5	36259	1080	164
6	19973	984	111
7	28864	730	110
8	41207	1317	139
9	47422	1050	180
10	41928	928	151
11	28888	1150	181
12	16872	676	130
平均	22600	714	107

3. 强度的月际变化特征

太湖蓝藻水华中度等级以上的面积均集中在 4—12 月。针对蓝藻水华面积的中度和重度等级开展了月际分布的特征分析,如图 3.23 所示,中度等级的蓝藻水华在各月均有发生,但 1—2 月很少出现,占比仅为 1%,3 月中度面积有所增加,占比升至 3%,4—12 月中度面积的占比在 8%~13%,其中 6 月最小,11 月最大;而重度等级的蓝藻水华仅在 4—12 月发生,1—3 月均未出现,对应的面积占比在 7%~14% 内上下浮动,其中 6 月最小,10 月最大。

4. 大面积蓝藻水华的月际特征

根据卫星监测结果分析(图 3.24),2003—2022 年期间,卫星监测到的太湖大面积蓝藻水华

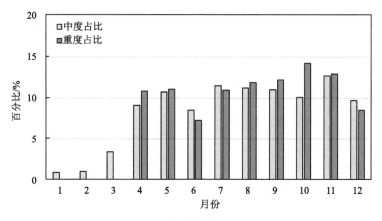

图 3.23 2003—2022 年太湖蓝藻水华中度和重度面积占比月际变化图

均出现在 5—12 月,其中 9 月的发生频次最多,为 23 次,对应的累计面积也最大,为 15571 km²;此外,8 月、5 月和 11 月的大面积蓝藻水华也较为频繁,分别为 19 次、18 次和 15 次,对应的累计面积也都在 10000 km² 以上,分别为 12741 km²、12546 km² 和 10760 km²;余下的月份大面积蓝藻水华发生较少,最低的有 6 次,累计面积为 3361 km²。因此,卫星监测结果表明,太湖大面积蓝藻水华主要集中出现于 5 月、8 月、9 月和 11 月。

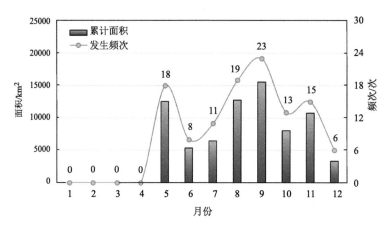

图 3.24 2003—2022 年太湖大面积蓝藻水华累计面积和发生频次月际变化图

3.3 太湖蓝藻水华空间分布特征与变化

3.3.1 太湖蓝藻水华空间分布特征

1. 蓝藻水华空间分布格局

图 3.25 为 2003—2022 年逐年太湖蓝藻水华的聚集频次分布图。由图可以清楚地看到,2003 年以来每年的太湖蓝藻水华的空间分布格局。2003 年蓝藻水华主要聚集于梅梁湖、竺山湖、西部沿岸区等局部区域,范围较小,此后迅速扩展,至 2005 年已覆盖太湖的大部分区域,20 年间每年蓝藻水华的覆盖范围虽有差异,但总体上改善的趋势并不明显,其中 2006 年、2007

年、2017 年、2019 年和 2020 年无论从蓝藻水华的覆盖范围还是频次都明显超过其余年份,表明了这几年蓝藻水华发生的程度总体偏重。具体而言,2003 年以来,太湖蓝藻水华发生频次以每年 5.7 次的速度增加,2019 年达到最大,其全年发生频次达 160 次。2013—2022 年,除 2014 年外,所有年份蓝藻水华发生频次均超过了 100 次。值得引起注意的是,相较 2003—2012 年,近 10 年的蓝藻水华累计面积和发生频次均呈现显著增加趋势。从聚集频次分布图上可以看出,西部沿岸区、梅梁湖和竺山湖是蓝藻水华发生发展最严重的区域。

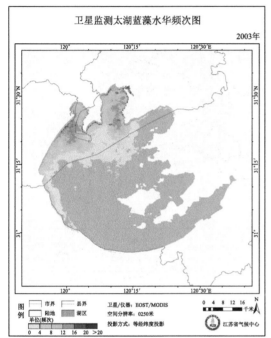

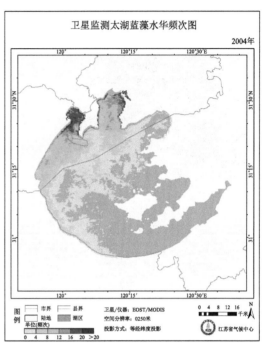

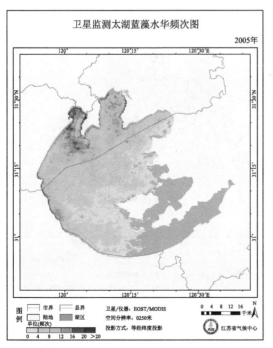

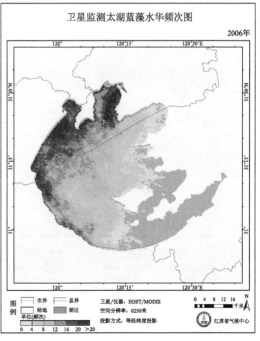

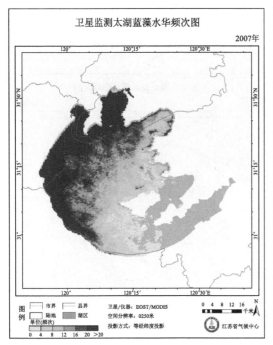

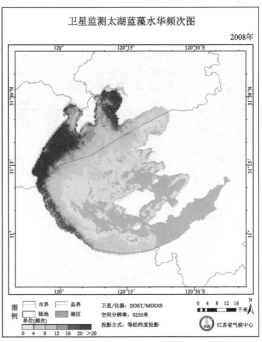

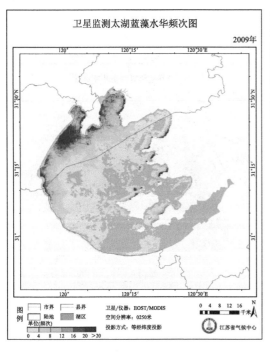

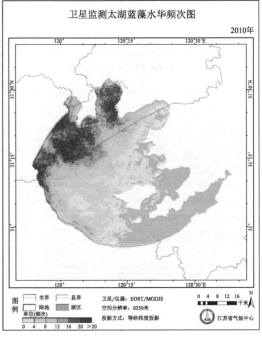

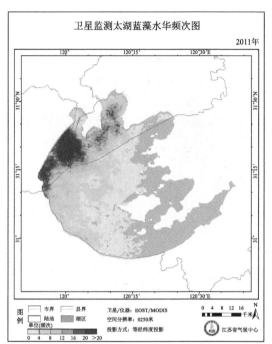

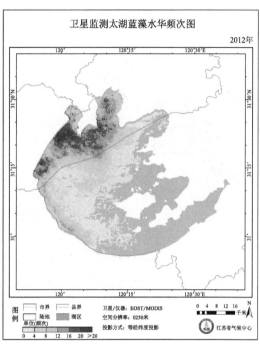

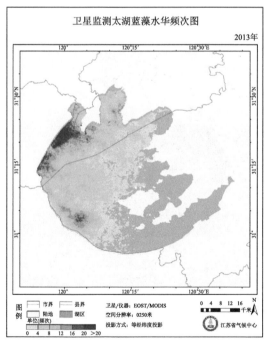

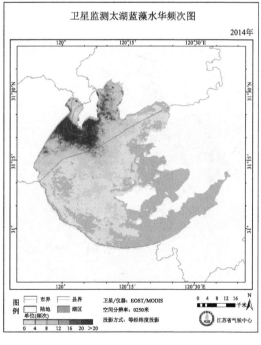

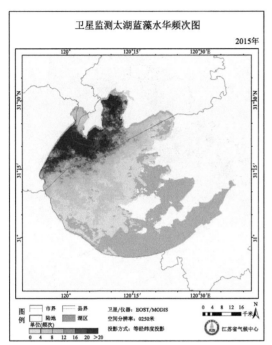

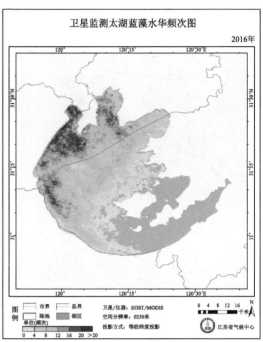

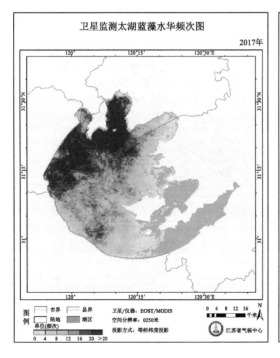

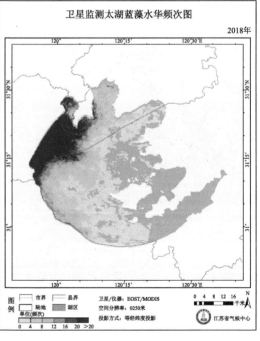

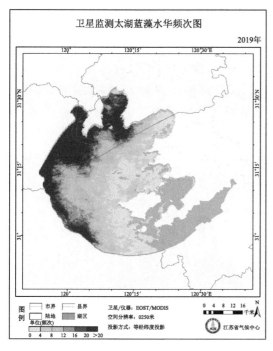

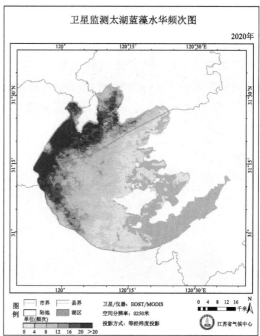

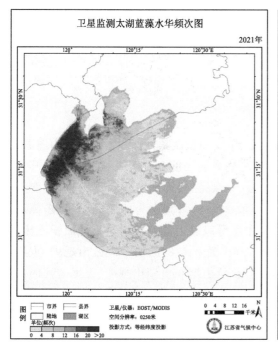

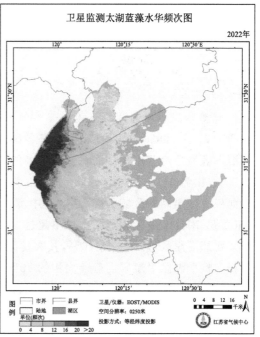

图 3.25　2003—2022 年逐年太湖蓝藻水华聚集频次分布图

2. 蓝藻水华面积的空间分布

卫星监测到的太湖蓝藻水华面积的空间分布存在明显的差异。图 3.26a 为 2003—2022 年太湖蓝藻水华分区域累计面积占比图。由图看到,湖心区蓝藻水华累计面积最大,占比达 39.54%,其次为西部沿岸区,占比 34.04%,梅梁湖占比 11.05%,竺山湖占比 6.84%,贡湖占比 4.27%,南部沿岸区占比 3.14%,东部沿岸区和东太湖占比不到 1%。

3. 蓝藻水华频次的空间分布

图 3.26b 为 2003—2022 年太湖蓝藻分区域累计频次占比图。由图看到,竺山湖和西部沿岸区频次最高,累计频次占比分别为 27.22% 和 27.01%,湖心区次之,占比为 25.44%,梅梁湖和贡湖频次也较高,分别占比 19.97% 和 12.21%,南部沿岸区为 8.01%,东部沿岸区为 5.37%,东太湖不足 1%,表明太湖蓝藻水华聚集最频繁的区域为竺山湖、西部沿岸区和湖心区。

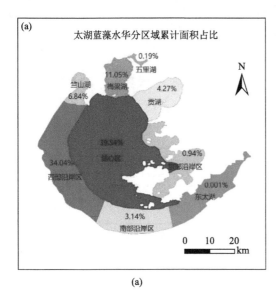
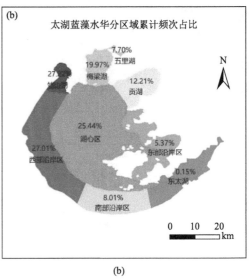

图 3.26 2003—2022 年太湖蓝藻水华分区域累计面积占比(a)和频次占比(b)图

4. 蓝藻水华等级强度的空间分布

图 3.27 为 2003—2022 年太湖蓝藻各区域轻度、中度和重度累计面积占比图。由图看出,西部沿岸区为重度蓝藻水华面积占比最高的区域,占整个湖区重度总面积的 45.80%,其次为湖心区,占比为 31.84%,而东部沿岸区和东太湖几乎未观测到重度蓝藻水华发生;中度蓝藻水华面积占比最高的区域为湖心区,占中度总面积的 37.83%,其次为西部沿岸区,东部沿岸区、东太湖、南部沿岸区和贡湖占比不超过 10%。中度等级以上的蓝藻水华累计面积占比(图 3.27),西部沿岸区最高为 37.76%,其次是湖心区,占比为 36.98%,两个湖区出现中、重度蓝藻面积占整个湖区中度以上蓝藻面积的 75%;梅梁湖、竺山湖和贡湖出现中、重度蓝藻的面积占比分别为 11.09%,7.69% 和 3.29%;南部沿岸区、东部沿岸区及东太湖等其他湖区出现中、重度蓝藻面积占比不到 4%。

3.3.2 太湖蓝藻水华空间变化趋势

频次变化的空间分布。利用太湖蓝藻水华后 10 年(2013—2022 年)频次均值与前 10 年(2003—2012 年)频次均值相比,结果表明(图 3.28),太湖蓝藻发生频次在绝大多数湖区呈现增加趋势,主要分布在西部沿岸区、湖心区以及贡湖的大部分地区,占湖区总面积的 64.2%;频次减少的区域主要发生在竺山湖、梅梁湖以及西部与南部沿岸区交接的部分区域,减少的区域占湖区总面积的约 24.5%;东部沿岸区以及东太湖的部分区域频次未发生明显变化,占整

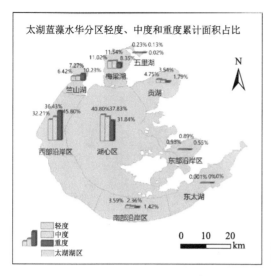

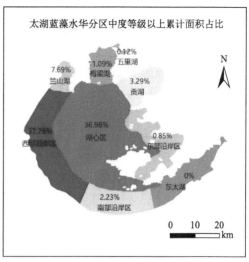

图 3.27　2003—2022 年太湖蓝藻分区域不同等级强度累计面积占比图

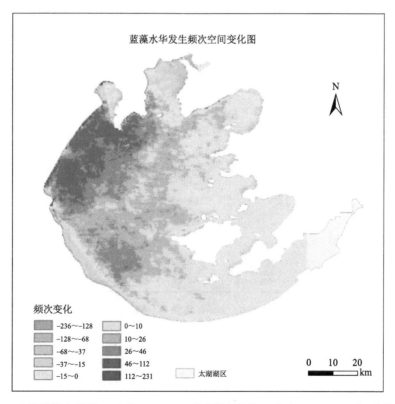

图 3.28　太湖蓝藻水华后 10 年(2013—2022 年)频次较前 10 年(2003—2012 年)均值变化图

个区域总面积的 11.3%。

　　蓝藻水华(轻度)发生频次空间变化。利用太湖蓝藻水华后 10 年(2013—2022 年)轻度频次均值与前 10 年(2003—2012 年)轻度频次均值相比,结果表明(图 3.29),太湖蓝藻轻度发生频次在绝大多数湖区呈现减少趋势,主要分布在竺山湖、梅梁湖、西部沿岸与南部沿岸交界的大部分地区,占湖区总面积的 68.4%;频次增加的区域主要发生在湖心区以及湖心与西部、南部沿岸区交接的部分区域,增加的区域占湖区总面积的约 17.7%;东部沿岸区以及东太湖的部分区域频次未发生变化,占整个区域总面积的 13.9%。

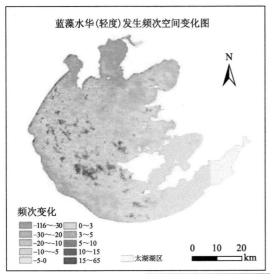

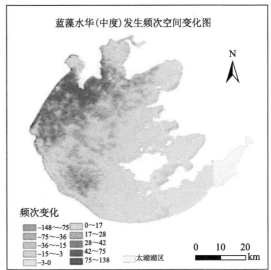

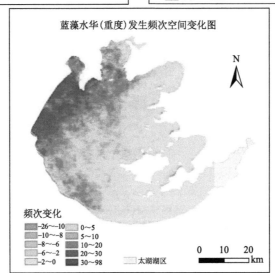

图 3.29 太湖蓝藻水华(轻、中、重度)后 10 年(2013—2022 年)频次较前 10 年(2003—2012 年)均值变化图

蓝藻水华(中度)发生频次空间变化。利用太湖蓝藻水华后 10 年(2013—2022 年)中度频次均值与前 10 年(2003—2012 年)中度频次均值相比,结果表明(图 3.29),太湖蓝藻中度发生频次在绝大多数湖区呈现增加趋势,主要分布在湖心区、竺山湖、梅梁湖、西部沿岸区与南部沿岸区的大部分地区,占湖区总面积的 75.4%;频次减少的区域主要发生在西部沿岸与南部沿岸区交界的小部分区域、梅梁湖和贡湖的东部沿岸等区域,减少的区域占湖区总面积的约 11.8%;东部沿岸区以及东太湖的部分区域频次未发生变化,占整个区域总面积的 12.8%。

蓝藻水华(重度)发生频次空间变化。利用太湖蓝藻水华后 10 年(2013—2022 年)重度频次均值与前 10 年(2003—2012 年)重度频次均值相比,结果表明(图 3.29),太湖蓝藻重度发生频次在绝大多数湖区呈现增加趋势,主要分布在竺山湖、梅梁湖、西部沿岸区、湖心区和南部沿岸的大部分地区,占湖区总面积的 69.7%;频次减少的区域零星分布在梅梁湖和东部沿岸区的小部分区域,减少的区域占湖区总面积的约 4.1%;东部沿岸区以及东太湖的部分区域频次未发生变化,占整个区域总面积的 26.2%。

综合以上分析发现,太湖蓝藻水华发生频次总体呈现增加趋势,但轻度蓝藻水华呈现减少趋势,而中度和重度蓝藻水华呈现增加趋势,说明太湖蓝藻水华有向更高频次、更严重程度增加的趋势,蓝藻水华发生频次的空间变化特征有助于更好地监测蓝藻水华发生范围,为蓝藻水华早预警、早防治提供重要数据参考。

3.4 小结

① 2003—2022 年,卫星监测到的太湖蓝藻水华年累计频次和累计面积总体上呈增加趋势,平均面积和中等程度以上累计面积则呈下降趋势,5—11 月活跃期的蓝藻水华也具有类似特点;太湖蓝藻水华年际分布曲线呈明显的双峰特征,2007 年和 2017 年为蓝藻水华高发重发的 2 个年份。

② 2003—2022 年,卫星监测到的太湖蓝藻水华季节分布特征明显,蓝藻水华主要集中于夏季和秋季,面积和频次占比均超过了 70%,中等程度以上蓝藻水华也集中出现在秋季和夏季,累计面积占比超过了 75%;2003 年以来,各季蓝藻水华频次数均呈明显的上升趋势,累计面积虽也呈上升趋势,但以春季和夏季相对更明显。

③ 2003—2022 年,卫星监测到的太湖蓝藻水华频次和面积均呈现了明显的月际周期变化特征,主要集中在 5—11 月;中度等级以上的面积均集中在 4—12 月,面积占比在 8%~13%;大面积蓝藻水华均出现在 5—12 月,其中 9 月的发生频次最多。

④ 2003—2022 年,太湖的西部沿岸区、梅梁湖和竺山湖是蓝藻水华频次发生最多的区域,其中竺山湖和西部沿岸区频次最高,累计频次占比分别为 27.22% 和 27.01%,湖心区累计面积最大(39.54%),而西部沿岸区为重度蓝藻水华面积占比最高的区域,占整个湖区重度总面积的 45.08%。

⑤ 2003—2022 年,太湖蓝藻发生频次在绝大多数湖区呈现增加趋势,主要分布在西部沿岸区、湖心区以及贡湖的大部分地区,占湖区总面积的 64.2%;轻度发生频次在绝大多数湖区呈减少趋势,而中度和重度均呈增加趋势。

第4章 气温对太湖蓝藻水华的影响

蓝藻水华通常在高温、微风的环境下暴发,这表明气温不仅为蓝藻的生长繁殖提供了重要的热量条件,同时也对蓝藻水华的发生发展具有重要影响。2007年太湖因蓝藻水华暴发而引起的饮用水危机,其直接原因是太湖富营养化,但当年冬、春季气温异常偏高是关键诱因(杭鑫等,2019b),可见温度是影响太湖蓝藻复苏进程以及大面积暴发的关键气象因子。本章基于长期的卫星遥感监测结果和气象站观测数据,详细分析气温对太湖蓝藻复苏生长、休眠,蓝藻水华大面积暴发等的影响,进一步研究探讨气温在太湖蓝藻水华形成和暴发机理中的作用,为蓝藻水华的预测预警和防控提供依据。

4.1 太湖蓝藻生长与气温的关系

4.1.1 蓝藻生长与水温的关系

研究表明,气候变暖是近20年来太湖蓝藻水华次数增多和强度增强的主要原因(Zhang et al.,2012)。气温升高使得太湖的水温升高,从而提高蓝藻的原位生长速率(吴晓东 等,2008);太湖蓝藻通常在水温达到12.5 ℃时开始复苏,且复苏后的蓝藻具有较高的比生长速率,有利于其确立优势地位而形成水华(谭啸 等,2009);春季温度的波动很可能会促进水华蓝藻种群优势地位的更早确立(Zhang et al.,2012)。在蓝藻复苏以后,虽然一般认为温度对蓝藻生长的作用可能并没有那么重要,但水华的暴发却与高温密切相关,黄炜等(2012)认为太湖蓝藻水华暴发概率与气温呈正相关关系。蓝藻在相对高的温度(高于25.0 ℃)会表现出理想的生长率(Joehnk et al.,2008),因此当气温升高(水温相应升高)时,蓝藻生长会加快。当蓝藻水华在水体表层形成时,通过强烈地吸收光照,可以使表层水温进一步升高(Ibelings et al.,2003),所以气温升高对于蓝藻在竞争中占据优势地位是一个积极的正反馈作用(Hense,2007)。

气温对蓝藻水华的影响并不是直接的,它是通过影响水温、水体分层、水体黏度等间接实现的。气温升高时,水体表层温度会增加,这将强化水体垂向的分层。这种情况如果长时间持续会加强水体的季节性分层,从而降低水体混合的强度和频率。一些蓝藻能够形成气囊,这些气囊会为蓝藻提供浮力。在较强和较长时间水体分层的情况下,上浮的蓝藻在水体表层会形成密集的水华,这些水华能够遮蔽光照,使水下不能上浮的藻类的生长受限,从而增强自己的竞争优势(Huisman et al.,2004)。水温的增加也会降低水体的黏度。当黏度降低时,水体对垂向迁移的阻力会降低。这对擅长移动的蓝藻来说是很有利的,可以方便地上浮(有利于光合作用)和下沉(有利于营养盐获取)。而且,水温升高和水体的强分层,通过异养细菌活动的加强和底层水的复氧过程的减弱,会使底层水的缺氧更加严重(Turner et al.,1987),来自底泥的营养盐,尤其是磷,在这种环境下更加容易释放,这进一步促进蓝藻的生长和蓝藻水华的暴发(Hans et al.,1988)。

　　蓝藻生长与水温并不是简单的线性关系。基于卫星和水质监测数据开展的研究表明(王得玉 等,2009),水体温度在 15～24 ℃时,蓝藻浓度都没有超过 70 mg/L,受温度制约,没有蓝藻暴发的迹象。在这个温度区间蓝藻浓度与水体温度也没有明显线性关系,因为除了水体温度,蓝藻的生长还受富营养化程度和不同时期其他环境因素影响。但是在这个温度区间,随着温度的升高,蓝藻浓度的最高值在增加,这说明水体温度是制约蓝藻生长的重要因素。水体温度达到 24～30 ℃时,有 9 个样点的蓝藻浓度超过了 70 mg/L,而且所有超过 70 mg/L 的样点都在这一温度区间。由此可以推断,24～30 ℃是蓝藻暴发的必要水温条件。水体温度超过30 ℃之后,蓝藻浓度的峰值都没有达到 60 mg/L,可见太高的水体温度反而对蓝藻的生长有一定的抑制作用。藻类生长率与水温的关系式如下:

$$\mu(T) = \exp(-\alpha_T |T - T_{opt}|) \tag{4.1}$$

式中,$\mu(T)$表征了水温对藻类生长的影响因子,T 为水温,α_T 为水温差异造成的生长衰减率,T_{opt} 为藻类适宜生长的水温。公式(4.1)表明,当水温由低到高逐渐接近适宜藻类生长的温度时,影响因子逐步增大;但当水温与藻类适宜温度变大时,对藻类生长的抑制作用也就会越来越明显。实验表明,太湖微囊藻的最适生长温度为 30～35 ℃,水库中的围隔实验证实当水温为 26 ℃时,最适宜于微囊藻的聚集、上浮而形成水华(Hua et al.,1994)。一般来讲,在 10～25 ℃水温范围内,叶绿素 a 含量随着温度的升高而升高。当高出这个范围后随着温度的升高,叶绿素 a 含量反而下降。

　　水温在蓝藻复苏、同其他藻类竞争生长并取得优势的过程中起着决定作用。多年观测资料显示,太湖中蓝藻微囊藻并非年年都占优势,而仅在 3 月、4 月以后,随着水温的升高,原本在低温时占优势的硅藻和绿藻逐渐减少,微囊藻就逐渐成为优势种(Chen et al.,2003)。蓝藻复苏的水温略高于绿藻和硅藻,并且蓝藻在复苏后的比生长速率高于绿藻和硅藻,随着水温的升高,蓝藻逐渐形成优势(谭啸 等,2009)。有研究表明,微囊藻、栅藻、小环藻等藻类经常共存于同一水体中,它们生物量的相对比例会随着水温的变化而变化,硅藻小环藻在早春低温条件下可快速生长甚至会形成水华(窦明 等,2002),绿藻和栅藻在淡水环境中几乎不会随水温的变化而形成优势种群且很少形成水华(李小龙 等,2006),而蓝藻微囊藻则会在更高水温条件下占据优势地位。因此,水温不仅直接影响藻类在水体中的组成变化,而且影响藻类的季节性演替,尤其是春季藻类优势的确立。

　　冬季水温高导致蓝藻休眠推迟。由于 2012 年以来太湖流域冬季气温有明显升高趋势(见第 2 章),导致水温升高,使蓝藻存活率升高、藻密度升高,蓝藻水华发生期延长,原本不会出现蓝藻水华的 1 月也开始出现。如 2017 年 1 月 13 日和 1 月 16 日都出现蓝藻水华,其原因是前期气温异常偏高,2017 年 1 月 1—12 日太湖流域气温较常年偏高 4.1 ℃,2017 年整个冬季的气温也是 2000—2021 年间次高的年份,较高的温度有利于蓝藻快速生长繁殖,加之风力较小,易形成蓝藻水华;2020 年 1 月 6 日出现 105 km² 蓝藻水华,其原因也是前期气温异常偏高,当年冬季是 2000 年以来气温最高的一年,加之当年藻密度长期处于高位,年均藻密度超 8000 万个/L,水温高导致 1 月也出现蓝藻暴发。说明即使一般认为冬季是蓝藻休眠期,但只要水温达到或接近蓝藻暴发最低要求,营养程度合适和藻密度高,通过一段时间的营养积累、生长繁殖,也可发生蓝藻暴发现象。

4.1.2 太湖水温与气温的关系

气温是影响水温的主要因素。Schmid et al.(2014)通过构建估算模型,探究湖泊表面水温的影响因子,结果表明,气温占比最高,随着其他因子的加入,气温占比将下降,但其他因素的总体影响占比仍然较低,因此,气温的干扰作用不容忽视。Wan et al.(2017)分析了青藏高原地区 374 个湖泊夜间表面水温的变化趋势和整体特征,结果表明,湖泊表面水温总体增温速率($0.37\ ℃\cdot(10\ a)^{-1}$)与青藏高原气温增长速率($0.36\ ℃\cdot(10\ a)^{-1}$)十分接近。

太湖是由内陆断陷基础上的海湾逐步发育而成的一个浅水泻湖型湖泊。太湖水体具有吸热快、储热量大、散热慢等特性,对周围气温起着调节作用。而气温又制约着水体温度的变化。统计分析表明,太湖月平均水温均高于月平均气温,而月最高水温则低于月最高气温,月最低水温又高于月最低气温。水温的月变幅小于气温的月变幅。湖泊表层(水面以下 0.5 m 处)最高水温一般出现在 15—17 时,最低水温一般出现在 04—08 时,水温日变幅 0.4~3.4 ℃,平均为 1.7 ℃左右。无风晴天,水温日变幅较大,阴雨或大风天气,水温日变幅较小,但水温日变幅小于气温日变幅。对比分析 2009—2013 年上山村逐日平均水温(水下 0.5 m 处)与东山气象站逐日平均气温的关系,发现太湖表层(0.5 m 处)水温与气温呈线性正相关关系(图 4.1),关系式为($R^2=0.96$):

$$T_w=0.95T_a+1.5 \tag{4.2}$$

式中,T_w 为上山村逐日平均水温,T_a 为东山站逐日平均气温。鉴于太湖水温与气温间的良好线性关系,均以气温来代替水温分析。

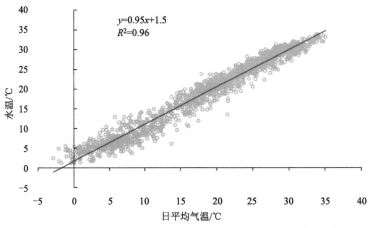

图 4.1 太湖逐日平均水温(水面以下 0.5 m 处)与气温的关系图

4.1.3 气温对蓝藻水华影响研究进展

在藻类的生长、复苏与水华形成机理中,有一些学者认为温度起着关键作用。例如,PEPERZAK(2003)认为蓝藻水华的发生主要是由于水温升高引发的;2007 年太湖蓝藻水华的提前暴发,当年冬春季异常偏高的气温也被认为是其关键诱因(夏健 等,2007);吴晓东等(2008)认为气温升高使得太湖的水温升高,从而加大蓝藻的原位生长速率;陶益等(2005)在室内复苏模拟实验中确定了太湖藻类复苏的温度阈值;在水体温度达到 14 ℃时蓝藻开始少量进入水柱中;Chen et al.(1998)认为太湖微囊藻的最适生长温度为 30~35 ℃;但 Cao et al.(2008)发现蓝藻复苏温度在实验室和野外的差异较大,在太湖实地观测中,蓝藻的复苏和进入水体的温度都是 9 ℃;谭啸等(2009)发现复苏后的蓝藻具有较高的比生长速率,有利于其确立优势而形成水华;Zhang et al.(2012)也证实了春季温度的波动很可能会促进水华蓝藻种群优势的更早确立;黄炜等(2012)则认为气温与太湖蓝藻水华暴发的概率呈正相关;水库中的围隔实验证实当水温为 26 ℃时,最适宜于微囊藻的聚集、上浮而形成水华。上述研究大多基于实验室或短时间的、局部的实地观测数据,对于太湖这样一个大型浅水湖泊(面积达 2338 km²),蓝藻水华面积也常达数百平方千米,基于实验室的研究或短时间、局部的实地观测结果显然难以客观反映蓝藻水华与环境温度之间的关系。

为此,本章利用太湖湖面及周边地区较长时间、连续高频的气象观测数据及同步卫星监测数据,深入分析太湖蓝藻水华形成的温度特征,为进一步研究蓝藻水华形成机理提供理论依据,为太湖蓝藻水华的预测、预警和防控提供技术支持。

4.2　太湖蓝藻水华对应的气温分布

将 2003 年以来每次卫星监测到的蓝藻水华面积及当天平均气温绘于图 4.2,从总体上考察蓝藻水华与气温的关系。根据卫星和太湖周边气象站观测数据,2003—2022 年,卫星共监测到太湖蓝藻水华 1973 次,蓝藻水华出现当日对应的日平均气温范围为 -0.7~35.2 ℃,表明在当前气候背景下,日常气温条件基本都能满足蓝藻水华形成的要求,在日平均气温位于 -0.7~35.2 ℃的任意气温条件下,太湖都有可能出现蓝藻水华。从图 4.2 还可以看出,在平均气温较低(<2.0 ℃左右)时,观测到的蓝藻水华面积频次很少,面积也较小,而在平均气温较高(>32.3 ℃左右)时,蓝藻水华仍维持较高的频次,但面积迅速减小,说明气温过低或过高都会对蓝藻水华的聚集产生抑制作用;进一步统计表明,约 90% 的蓝藻水华出现在平均气温为 6.9~32.4 ℃,这一区间也是大面积蓝藻水华出现最为频繁的区间。上述结果表明,在当前气候变暖背景和太湖水质维持富营养化的状况下,气温并非太湖蓝藻水华是否出现的主要限制因子,但适宜的气温有利于蓝藻水华尤其是大面积蓝藻水华的形成,气温过低或过高对蓝藻水华都有抑制作用。

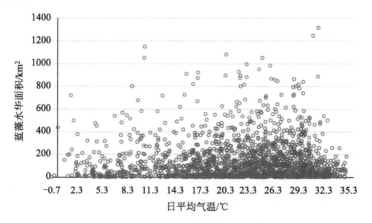

图 4.2　2003—2022 年太湖蓝藻水华面积及对应气温分布图

4.3 气温对太湖蓝藻水华的影响分析

4.3.1 蓝藻水华面积与年平均气温的关系

图 4.3 为 2003—2022 年太湖蓝藻水华累计面积与年平均气温的关系图。由图可以发现,太湖蓝藻水华累计面积与年平均气温总体上呈正相关关系。2003 年以来,太湖区域年平均气温大致经历了一个"上升—下降—上升"的过程,即由 2003 年 16.9 ℃波动上升,至 2007 年达到一个阶段性历史极值 17.8 ℃,完成了第一个气温上升期;此后迅速下降并持续至 2012 年达阶段性低点 16.6 ℃,完成了第一个气温下降期;2013 年开始气温明显反弹,波动上升至 2017 年的阶段相对高点 17.6 ℃,经 2019 年短暂下降后继续上升,直至 2021 年的 18.0 ℃,再次刷新历史新高,完成了第二个气温上升期。与气温的走势相吻合,2003 年以来太湖蓝藻水华也同样经历了一个"上升—下降—上升"的过程。从 2003 年开始卫星监测到的太湖蓝藻水华面积持续增加,至 2017 年达到一个阶段性历史极值 23396 km²;此后随气温的迅速下降,蓝藻水华面积也迅速减小,至 2009 年达 2007 年以来的最小值,此后维持在一个相对较低的水平,直至 2015 年开始回升,2017 年蓝藻水华面积创新高,达 25273 km²,此后再持续下降。进一步计算表明,2003 年以来太湖区域年平均气温以每年 0.05 ℃的速度上升,而蓝藻水华累计面积以每年 356.55 km² 速度上升,年平均气温和蓝藻水华累计面积的两条趋势线几乎平行向上,保持了很高的一致性($R^2 = 0.21$)。

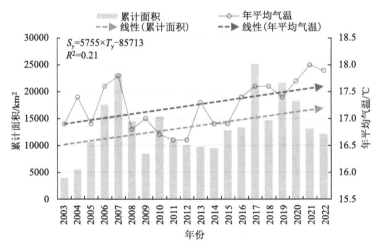

图 4.3　2003—2022 年太湖蓝藻水华年累计面积与年平均气温关系图

4.3.2 蓝藻水华面积与季平均气温的关系

太湖蓝藻水华面积与气温的关系存在季节性差异。图 4.4 为 2003—2022 年春季、夏季、秋季和冬季太湖蓝藻水华累计面积与平均气温的关系图。由图可以发现,总体上,各季蓝藻水华累计面积与平均气温均呈正相关关系,但春季($R^2 = 0.32$)相对更为明显,夏季、秋季和冬季不明显。从各季的平均气温变化情况来看,春季和冬季呈现较为明显的上升趋势,R^2 分别为

0.34 和 0.15,夏、秋季气温变化不明显;与之相对应,春季的蓝藻水华面积也呈现了较为明显的上升趋势($R^2=0.2$),其次为夏季和冬季,秋季变化不大。总体上,近 20 年来随着春季和冬季平均气温的上升,卫星监测到的蓝藻水华面积也呈增加趋势,秋季气温和蓝藻水华面积上升趋势均不明显,夏季则在气温上升趋势不明显的情况下,蓝藻水华面积呈现了相对较为明显的增加。这个结果表明,夏季和秋季气温相对较高,适宜蓝藻的生长和水华形成,气温不是主要的限制因子;而在春季和冬季,蓝藻水华对气温相对较为敏感,随着气温的上升,蓝藻水华面积也相应增大。

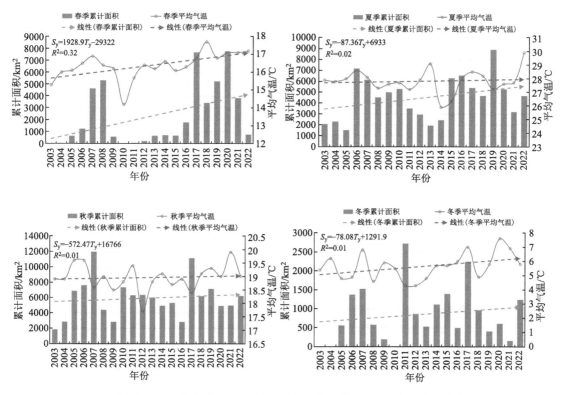

图 4.4　2003—2022 年太湖蓝藻水华春、夏、秋、冬 4 季累计面积与平均气温关系图

(S_y 表示蓝藻累计面积,T_y 表示平均气温)

4.3.3　蓝藻水华面积与月平均气温的关系

太湖蓝藻水华的逐月累计面积与月平均气温的分布趋于一致。图 4.5 为 2003—2022 年逐月平均气温与太湖蓝藻水华累计面积的关系图。由图可以看到,总体上,卫星监测到的蓝藻水华面积与气温的月分布基本一致。1—2 月气温较低,蓝藻水华处于越冬休眠期,卫星几乎观测不到蓝藻水华;3 月份蓝藻开始复苏生长,但此时生物量尚不足以形成大面积蓝藻水华,蓝藻水华次数也不多;4 月份随着气温持续上升至 15 ℃以上,蓝藻开始大量繁殖生长,在适宜的气象条件下容易形成蓝藻水华,面积和频次明显增加;5 月气温升至 20 ℃的适宜区间,蓝藻水华开始频繁出现,并且容易暴发大面积蓝藻水华,6 月、7 月气温继续升高,但受江淮梅雨的影响,蓝藻水华受到抑制,面积有所减小;8 月份蓝藻水华面积又明显增加,直至 9 月达各月中最高值;此后随气温下降,蓝藻水华面积也开始减小,直至 12 月气温由高降至 5 ℃以下,

蓝藻水华开始下沉,进入越冬休眠期,面积显著减小。在一年中,蓝藻水华大致经历了"越冬—复苏—活跃—衰退"这样一个过程,周而复始,循环往复,与气温的由"低温—上升—下降"的过程相配合,蓝藻水华累计面积与月平均气温存在较高的一致性($R^2=0.55$)。

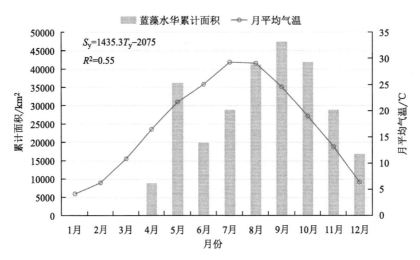

图 4.5　2003—2022 年太湖蓝藻水华各月平均面积及气温分布图

(S_y 表示蓝藻累计面积,T_y 表示平均气温)

4.3.4　蓝藻水华对气温的响应特征

根据上述蓝藻水华当日气温分布区间为−0.7~35.2 ℃,将−1~35 ℃的温度区间按间隔5 ℃进行等间距划分,分别统计各气温区间内太湖蓝藻水华的频次和面积,结果列于表 4.1 和图 4.6。我们可以发现:频次分布曲线呈单峰型,−1~5 ℃区间蓝藻水华出现频次最少,占比仅为3%,随气温升高,频次占比也稳步提高,15.1~20.0 ℃区间明显增加,至25.1~30.0 ℃区间达峰值,占比为28%,在30.1~35.0 ℃区间迅速下降至17%,10.1~35.0 ℃气温区间累计频次占比达92%。累计面积的分布与频次曲线基本一致,−1~5 ℃区间蓝藻水华面积占比最小,占比仅3%,随气温升高,面积占比也稳步提高,15 ℃以后面积占比明显增大,至25.1~30.0 ℃间达峰值,占比高达32%,此后迅速下降至11%,10.1~35.0 ℃气温段累计面积占比同样高达92%,表明太湖蓝藻水华在气温10 ℃时开始增多,在15.1~35.0 ℃的气温区间适宜蓝藻水华的形成,最适宜气温区间为25.1~30.0 ℃,证实了适度高温有利于太湖蓝藻水华的形成。

表 4.1　2003—2022 年各气温区间太湖蓝藻水华面积及频次占比(%)

气温区间/℃	−1~5	5.1~10.0	10.1~15.0	15.1~20.0	20.1~25.0	25.1~30.0	30.1~35.0
频次占比/%	3	5	8	16	23	28	17
面积占比/%	3	5	8	15	26	32	11

由于各气温区间的日数存在明显差异,因此仅考虑用蓝藻水华出现的频次及其占比并不能完全反映气温的影响。为此,引入蓝藻水华出现概率(P_i):

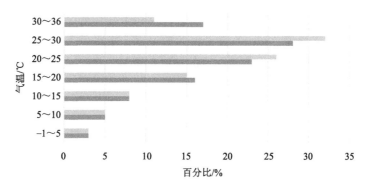

图 4.6　2003—2022 年各气温段太湖蓝藻水华面积及频次占比

$$P_i = \frac{T_i}{T_{\text{total}}} \times 100\% \tag{4.3}$$

式中，P_i 为第 i 气温区间内蓝藻水华出现概率，T_i 为第 i 气温区间内蓝藻水华出现频次，T_{total} 为第 i 气温区间内除去云量≥8 成的总日数。

按此公式计算得到 1 ℃区间气温段蓝藻水华概率和相应的平均面积，绘于图 4.7。由图可以看到，在间隔 1 ℃气温区间的太湖蓝藻水华出现概率随气温升高而波动增大，而平均面积则在均线附近波动，但其中有 2 个明显的低值点需要引起注意。第一个低值点位于 6 ℃而不是 0 ℃附近，这表明虽然进入冬季后气温显著下降，但由于入冬后蓝藻的沉降和休眠有一个滞后的时间，前期累积的生物量在一般、甚至不适宜的气象水文条件下仍能形成蓝藻水华，证明了蓝藻水华在入冬后比春季具有更强的耐受低温的能力，蓝藻水华复苏所需的气温明显高于衰亡所需要的气温。事实上，在大部分年份的 12 月或 1 月，卫星都观测到了蓝藻水华现象，最低日平均气温低至 0 ℃。另一个低点在 33 ℃附近，之前在 15.1～33.0 ℃区间平均面积围绕均值波动，至 29 ℃达相对高点后急速向下，表明高温（≥30 ℃）对蓝藻水华具有明显的抑制作用。1 ℃气温区间概率 p 与气温 t 存在显著的正相关关系（$R^2 = 0.93$）：

$$p = 2.55t - 3.02 \tag{4.4}$$

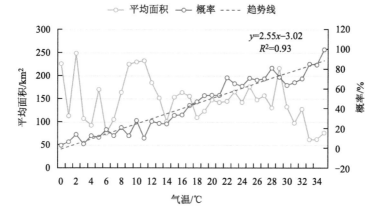

图 4.7　各气温段（1 ℃区间）蓝藻水华概率和单次平均面积分布图

图 4.8 为 5 ℃气温区间蓝藻水华概率和面积对气温的响应曲线。由图看出：在 0～30 ℃气温区间的平均面积在 150 km² 附近波动,在此区间的蓝藻水华概率呈稳定上升趋势,其中在 10.1～15.0 ℃至 25.1～30.0 ℃区间上升最显著,由 0.24 跳升至 0.63;在 30.1～35.0 ℃气温区间单次平均面积迅速下降至 99 km²,在此区间蓝藻水华概率由上升趋势转为下降。这一结果也同样证明了高温会对蓝藻水华产生一定的抑制作用。

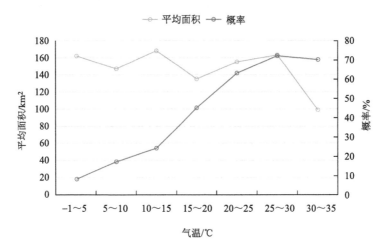

图 4.8　2003—2022 年各气温段气温区间蓝藻水华概率和平均面积分布图

4.3.5　大面积蓝藻水华的适宜气温

统计各气温段大范围蓝藻水华的频次和面积(表 4.2),可以发现:＞20％太湖水面面积(或＞468 km²)的蓝藻水华的形成也覆盖了-1 ℃以上的气温区间,随着气温升高,频次占比和面积占比均增加,在 25.1～30.0 ℃区间段频次和面积占比均达最高,均为 33％,其次为 20.1～25.0 ℃区间,占比均为 31％,20.1～30.0 ℃区间合计占比 64％,30.1～35.0 ℃区间频次占比和面积占比均陡降至 11％;与此相似,＞30％太湖水面面积(或＞700 km²)的蓝藻水华的形成也覆盖了-1 ℃以上的所有气温区间,峰值同样位于 25.1～30.0 ℃气温段。表明:大面积(468 km² 以上)的太湖蓝藻水华在气温 20.1 ℃时开始明显增多,25.1～30.0 ℃仍为集中高发区间。

表 4.2　2003—2022 年各气温段大范围蓝藻水华频次和面积占比(％)

分段气温/℃		-1～5	5.1～10.0	10.1～15.0	15.1～20.0	20.1～25.0	25.1～30.0	30.1～35.0
较大范围(＞20％)	频次占比	3	6	7	10	31	33	11
	面积占比	2	5	8	10	31	33	11
大范围(＞30％)	频次占比	3	3	8	13	28	39	8
	面积占比	2	2	9	12	30	35	10

4.3.6　蓝藻水华初终日期与气温的关系

根据太湖蓝藻水华的 4 个阶段,将复苏期卫星首次观测到蓝藻水华的日期称为初日,衰败期卫星最后一次观测到蓝藻水华的日期称为终日,分析初、终日与气温的关系。在太湖蓝藻复苏期,气温越高,蓝藻水华首次出现的时间就越早。蓝藻在湖水温度达到 9 ℃ 时开始从底泥复苏进入水柱中,太湖湖面一般在气温稳定通过 9 ℃ 后 1 个月左右首次出现蓝藻水华。在蓝藻复苏期,湖水中的叶绿素 a 浓度会随着有效积温升高而增加。虽然有大风会暂缓蓝藻水华形成的时间,但从长期来看风力不是影响蓝藻复苏的主要因子。在太湖蓝藻休眠期,气温越低,蓝藻休眠时间越早。秋、冬季太湖区域气温逐渐降低,蓝藻下沉到湖底,导致湖水中的蓝藻数量减少。当低于 4 ℃ 以后,湖水中的蓝藻数量降低到湖面不再能形成蓝藻水华,蓝藻基本休眠。

根据研究结果,蓝藻水华的首次出现日期与春季气温的回升密切相关,春季气温越高,初日越早,反之则越迟(谢小萍 等,2016)。图 4.9 为太湖蓝藻水华初日与春季(3—5 月)平均气温的关系图。由图可见,太湖蓝藻水华每年首次出现的日期与春季平均气温总体上呈现负相关关系,相关系数 R 为 -0.76,通过 0.01 显著性检验。卫星监测结果表明,2003 年以来,太湖蓝藻水华每年首次出现的日期总体上呈现一个较为明显的下降趋势($R^2 = 0.56$),以平均 4.9日/a 的速率向前递进。2003 年初次监测到蓝藻水华的日期为 6 月 1 日,到 2022 年提前至 2月 23 日,平均初日为 4 月 6 日;初次出现蓝藻水华的日期差异大,2017 年最早为 2 月 14 日,2004 年最晚为 6 月 11 日。与其相对应的是,3—5 月平均气温则呈明显的上升趋势($R^2 = 0.56$),由 2003 年的 15.3 ℃ 升至 2022 年的 17.2 ℃,以平均 0.095 ℃/a 的平均速率上升。初日平均气温为 19.3 ℃。初日早的年份往往也是蓝藻水华重发的年份,如 2007 年,由于暖冬及春季气温偏高(2003 年起持续升高至 2007 年达阶段性高点),有利于蓝藻复苏繁殖,蓝藻水华首次出现日期提早至 3 月 9 日,当年也成为近 20 年来太湖蓝藻水华最重的年份之一,引发了严重的"饮用水危机";2017 年蓝藻水华首次出现日期为 2 月 14 日,为近 20 年最早的年份,当年蓝藻水华累计面积达近 20 年的最大值。

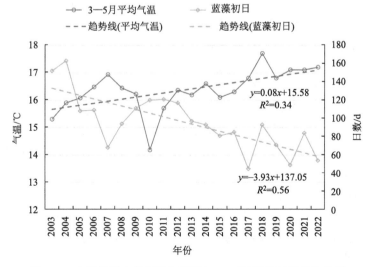

图 4.9　太湖蓝藻水华初日与春季(3—5 月)平均气温的关系图

太湖蓝藻水华的终日与 11—12 月气温密切相关。根据卫星观测结果,2003 年以来,每年卫星观测到太湖蓝藻水华的最后日期平均为 12 月 21 日,最早为 2003 年的 11 月 5 日,最晚为 2017 年(次年 2 月 5 日)。图 4.10 为太湖蓝藻水华终日与 11—12 月平均气温的关系图。由图看出,2003 年以来,太湖蓝藻水华的终日数与 11—12 月平均气温均呈波动上升趋势,即 11—12 月平均气温越高,终日越迟,反之则越早,两者呈明显的正相关关系,相关系数 R 为 0.6,通过 0.01 显著性检验。

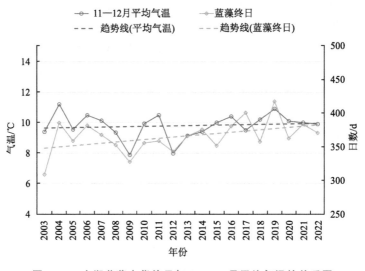

图 4.10 太湖蓝藻水华终日与 11—12 月平均气温的关系图

4.4 太湖蓝藻水华的周期分析

在长期的生存繁衍进程中,蓝藻逐渐形成了与自然气候交替变化极为相似的周期变化特征。孔繁翔等(2005)根据生态因子作用的一般特征以及对太湖蓝藻水华形成过程的野外原位观测,提出了蓝藻生长与水华形成的 4 阶段理论假说,即休眠、复苏、生物量增加、上浮和积聚。但这一假说以定性描述为主。我们在此基础上根据蓝藻水华频次和面积与气温的关系,确定了定量化的基于气温的蓝藻水华 4 阶段划分指标(李亚春 等,2016a),将太湖蓝藻水华分成 4 个阶段:休眠期、复苏期、活跃期和衰败期。规定频次和面积占比均超过 5% 的阶段为蓝藻水华活跃期,其对应的界限温度分别是春季日平均气温 20 ℃和秋季 10 ℃,稳定通过的日期分别为 5 月 16 日和 11 月 24 日;活跃期后蓝藻水华开始进入衰败期(对应的界限温度为秋季平均气温降至 10 ℃以下,开始日期为 11 月 24 日左右),此时蓝藻水华频次和面积占比均下降至 5% 以下直至 0;衰败期后一段时间卫星基本监测不到蓝藻水华,将这一段时间定义为蓝藻水华的休眠期,直至日平均气温达 5 ℃,对应的日期为 2 月 23 日;此后,蓝藻开始进入复苏生长期,其结束日期为稳定通过 20 ℃的初日(5 月 16 日)。图 4.11 为太湖蓝藻水华的 4 阶段示意图,图中日期为稳定通过相应界限温度的日期。表 4.3 归纳了蓝藻水华主要阶段的气温范围、起止日期及主要表现特征。

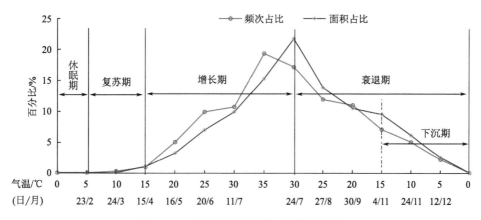

图 4.11 太湖蓝藻水华的 4 阶段分布图

表 4.3 蓝藻水华形成的主要阶段

阶段名称	气温范围	日期	主要表现特征
休眠期	0~5 ℃	1 月中旬至 2 月下旬	蓝藻生命代谢过程基本停止,卫星基本观测不到蓝藻水华
复苏期	5~20 ℃	2 月下旬至 5 月中旬	蓝藻生理、生化活性缓慢恢复,群体形成,在适宜的气象、水文环境条件下上浮形成水华,卫星开始观测到蓝藻水华形成
活跃期	10(11 月)~20 ℃(5 月)	5 月中旬至 11 月下旬	蓝藻光合作用强,细胞增殖快,生物量迅速增长,在适宜的环境条件影响下大量聚集形成水华,频次和面积明显增大,大面积蓝藻水华频次占全年的 94%
衰败期	0~10 ℃	11 月下旬至次年 1 月中旬	蓝藻生长减缓,生物量减少,并逐渐休眠而沉降到湖底表层沉积物中,仍能观测到蓝藻水华,有时频次较高、面积较大,这主要取决于前期气象条件的适宜程度和累积的生物量,在 5 ℃以下测到的蓝藻水华多集中于这一时段

确定各阶段界限温度指标可以掌握蓝藻水华的生育进程及时间节点,有助于蓝藻水华的预测预警和科学防控。复苏期起始温度为日平均气温稳定通过 5 ℃,考虑到太湖水体温度要高于气温且存在垂直水温差,因此气温 5 ℃与 Cao et al.(2008)的 5~9 ℃水温及 Reynolds (1996)的 7~8 ℃水温基本吻合。从 2003—2013 年卫星观测到的太湖蓝藻水华初日(图 4.9)可以看到,卫星观测到蓝藻水华的最早日期为 3 月 9 日,在此前的 1 月中旬至 2 月下旬期间都没有蓝藻水华,因此,将未观测到蓝藻水华的一段时期称为休眠期,事实上,1—2 月太湖湖区底泥表面藻蓝素浓度为年内最低(孔繁翔 等,2011)。规定频次和面积占比均超过 5% 的阶段为蓝藻水华活跃期,对应了春季起始温度为 20 ℃(稳定通过的日期为 5 月 16 日),陶益 等(2005)也认为当环境温度达到 18~20 ℃时,大量蓝藻水华进入水中;对应的秋季终止温度为10 ℃(稳定通过的日期为 11 月 24 日),蓝藻水华由活跃期开始进入衰败期,这一温度指标也可从文献得到印证:Abbots 池塘中微囊藻的下沉临界温度是 8~12 ℃(Thomas et al.,1985),Rosherne 湖中微囊藻的临界温度是 9~11 ℃(Reynolds et al.,1976),Harbeesport 水库中微囊藻的临界温度<12.8 ℃(Robarts et al.,1987),吴晓东等(2008)也证实了 11 月时太湖蓝藻水华大量下沉进入底泥。

4.5 太湖蓝藻水华形成的适宜温度指标

气温对不同阶段蓝藻生长和水华形成会产生不同的影响。根据分析结果,在复苏以后,蓝藻水华出现的气温范围覆盖了日平均气温为 $-0.7 \sim 35.2\ ℃$ 区间,这个区间几乎覆盖了太湖区域的日常气温范围,表明气温并非复苏后蓝藻水华出现与否的主要限制因子。但气温对蓝藻的复苏生长起着关键作用。相关的研究已证实蓝藻的生长复苏需要达到一定的水温条件,较高的气温对蓝藻生长和水华形成具有促进作用(李亚春 等,2016a)。本书得到的太湖蓝藻水华出现的概率与气温呈二次正相关关系(式(4.4)),相关文献(Zhang et al.,2012;成小英等,2006)也得到了基本类似的结果。平均面积随气温在均线上下波动,但日平均气温达 30 ℃ 后平均面积迅速减小,说明在 30 ℃ 以上高温情况下,蓝藻的增殖受到一定程度的抑制。在2013 年 7 月 1 日—8 月 14 日,太湖地区出现创历史极值的持续高温晴热天气,虽然期间观测到蓝藻水华频次为 2007 年以来同期最多,但单次最大面积和平均面积却为同期最小,这一观测事实也证实了上述结果。卫星观测到蓝藻水华主要出现在日平均气温为 15.1 $\sim$ 35.0 ℃,而在 25.1 $\sim$ 30.0 ℃ 区间内频率最高,累计面积也最大,大面积蓝藻水华高发区间也为 25.1 $\sim$30.0 ℃,表明太湖蓝藻水华的最适宜气温区间为 25.1 $\sim$ 30.0 ℃ ,与 Hua et al.(1994)的实验结果基本相符。尽管对于长江中下游地区其他湖泊蓝藻水华的研究远不如太湖这么多,但已有研究得到了类似的结果。如关于蓝藻水华暴发的最适宜温度,淀山湖为 24.2 $\sim$30.5 ℃(王成林 等,2010a),巢湖为 22.0 $\sim$30.0 ℃,阳澄湖为前 5 天平均气温 30 ℃;关于蓝藻水华的不同阶段说法,吴晓东等(2008)认为,巢湖也存在与太湖类似的下沉越冬和春季复苏规律。因此,本节有关太湖蓝藻水华形成的温度特征的研究结果,也可以为研究长江中下游地区其他湖泊蓝藻水华的规律提供参考。综上所述,我们将太湖蓝藻水华的气温指标列于表 4.4。

表 4.4 蓝藻水华的气温指标

气温指标	气温范围	适宜气温	最适气温
指标及描述	0~35 ℃ 在此范围内,卫星均能监测到蓝藻水华现象	15.1~35.0 ℃ 蓝藻水华频发区间,累计频次和面积占比均达 84%	20.1~30.0 ℃ 太湖大面积蓝藻水华(468 km²)频次和面积占比均达 64%

4.6 小结

① 2003—2022 年,太湖区域年平均气温经历了一个"上升—下降—上升"的过程,总体上呈波动上升趋势(0.05 ℃/a),与之对应,太湖蓝藻水华也大致经历了一个类似的过程,年累计面积以每年 356.55 km² 速度上升,年累计面积、频次与年平均气温总体上呈正相关关系。

② 近 20 年来随着各季平均气温的上升,蓝藻水华面积也呈增加趋势,但秋季气温和蓝藻水华面积上升趋势均不明显,夏季则在气温上升趋势不明显的情况下,蓝藻水华面积呈现了相对较为明显的增加。夏季和秋季气温相对较高,适宜蓝藻的生长和水华形成,气温不是主要的

限制因子,而在春季和冬季,蓝藻水华对气温相对较为敏感,随着气温的上升,蓝藻水华面积也相应增大。

③ 在日平均气温 0~35 ℃区间,卫星都能观测到太湖蓝藻水华聚集,表明在当前气候背景和水质富营养化状态下,气温并不是太湖是否出现蓝藻水华的主要限制因素。但适度高温有利于蓝藻水华形成,适宜气温为日平均气温 15.1~35.0 ℃,大面积蓝藻水华集中暴发的气温区间为 15.1~35.0 ℃。

④ 太湖蓝藻水华出现的概率随气温的升高而增大,二者呈二次正相关关系,而单次平均面积随气温在均线上下波动,气温达 30 ℃后平均面积迅速减小,表明高温对较大面积蓝藻水华形成会产生抑制作用。

⑤ 太湖蓝藻水华可分为 4 个阶段:休眠期、复苏期、活跃期和衰败期,对应的界限温度分别为日平均气温为:0~5 ℃、5~20 ℃、10~20 ℃(秋季)和 10 ℃(秋季)以下。

⑥ 太湖蓝藻水华复苏期卫星观测到的初日与春季平均气温呈负相关关系,而衰败期的终日则与 11—12 月平均气温呈正相关关系。

第 5 章   风对太湖蓝藻水华的影响

  风场是蓝藻在空间积聚和水华形成的重要驱动力,影响着太湖蓝藻水华的空间分布格局、演变特征及形成机制。本章节主要利用太湖湖面及周边地区 2003—2022 年连续高频的气象观测数据及同步多源卫星监测数据,从站点以及区域尺度分析太湖蓝藻水华形成、输移、演化、发展的风场特征,量化蓝藻水华,尤其是大面积蓝藻水华形成的适宜风速指标,并对太湖区域风场进行高分辨率数值模拟,分析蓝藻水华对近地面风场变化的响应格局,以期为进一步研究蓝藻水华形成机理和输移过程提供理论依据,为太湖蓝藻水华的预测、预警和防控提供技术支持。

5.1   风对蓝藻水华影响研究进展

  气象和水文条件一般通过影响湖泊水体的分层、热量传递交换以及光照、营养盐的可利用性等,直接或间接地影响藻类个数、群落、分布和生命周期等。现有研究已证实,气温、风、光照、降水等气象因子都会对太湖蓝藻生长和水华形成产生重要影响。其中,风的影响相对复杂,一方面,风及其产生的风浪和湖流改变了蓝藻的位置,适宜的风速使其容易积聚形成水华,而大风则有驱散作用,不利于蓝藻积聚形成水华;另一方面风浪的扰动会促使大量的营养盐从底泥中释放,导致湖泊水体重新分层与混合,增加了藻类可利用的营养盐。相关研究表明,风或风浪对太湖水体中胶体态营养盐、浮游植物和藻类存在重要的影响,而 Kanoshina et al. (2003)认为,风引起的水流可能决定了蓝藻水华的空间分布,Zhou et al. (2015)则认为,风的持续时间及其动力性是影响太湖蓝藻水华时空间变化的关键因子。有研究表明,通常情况下微风有利于蓝藻水华的生长和漂浮,孙小静等(2007)发现,风速<4 m·s⁻¹ 的小风浪有利于蓝藻生长或漂浮,王铭玮等(2011)则认为,小于 2.2 m·s⁻¹ 的低风速有利于淀山湖的蓝藻水华形成。Wu et al. (2013,2015)利用 MODIS 卫星图像结合实地抽样调查研究,发现太湖蓝藻水华面积与风速呈负相关,较小风速有利于蓝藻水华形成,但短时间强风(30 min 平均风速超过 6 m·s⁻¹)引起的强烈混合作用则会增加大面积蓝藻水华形成的机会,并且太湖地区 4 月和 10 月大风频繁可能正是蓝藻水华大面积发生的重要原因。王成林等(2010b,2011)应用数值模拟方法研究了适宜太湖蓝藻水华形成的风场辐散特征及其形成机制,认为太湖区域存在特有的辐散场,蓝藻水华在此辐散风场的驱动下会改变迁移方向。王文兰等(2011)利用 WRF V2 模式分析了近地面风场变化对太湖蓝藻暴发的影响,认为蓝藻水华面积及输移方向对近地面风场的响应相当迅速。由此可见,风对蓝藻水华的形成、输移和分布的影响很大,但到目前为止还没有完全弄清其影响机制,而防控蓝藻水华越来越需要能够对其发生发展和位置变化

作出精准预测,风向、风速就应当作为必须考虑的环境驱动因子。此外,现有的研究大多或基于实验数据,或基于短时间、间断性的实测数据,有些甚至仅仅是个例分析,而太湖是一个大型浅水湖泊,蓝藻水华面积常常达数百平方千米,因此有些结果难以反映实际情况,而且不同的结果之间有时会存在明显差异。

5.2　研究方法

5.2.1　数据

气象资料来源于江苏省气象局,主要选用了太湖湖区及周边区域的 5 个气象基本站的观测资料,基本站观测资料包括宜兴、无锡、苏州、吴江和东山站 2003—2022 年逐时风向、风速观测资料(图 5.1)。卫星数据来源于国家卫星气象中心和江苏省气象局,选用 2003—2022 年具有较高时空分辨率的 AQUA/TERRA 卫星(EOS/MODIS)和 FY-3D 卫星(MERSI)观测的影像数据。

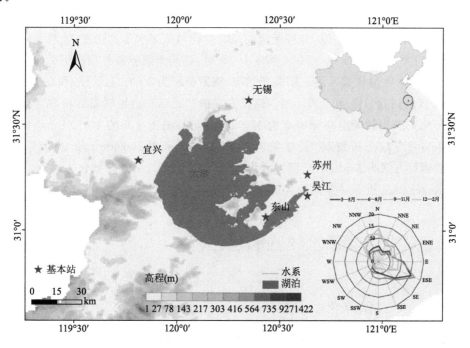

图 5.1　太湖气象基本站位置及多年盛行风向

5.2.2　蓝藻信息遥感解译方法

卫星遥感在监测大型湖泊水质和大面积蓝藻水华方面具有独特优势。蓝藻水华的遥感解译方法很多,包括单波段、波段差值、波段比值、归一化差分植被指数(NDVI)及藻类指数模型等。本研究选用目前业务上常用的 NDVI 方法,解译得到 2003—2022 年累计 1973 幅太湖蓝藻水华面积≥1 km² 的卫星遥感影像,解读出蓝藻水华频次、面积、时间及位置信息等。东太湖和东部沿岸区水质较好,很少发生蓝藻聚集现象,在 NDVI 提取过蓝藻水华过程中以掩膜技术进行处理。

为考察大范围蓝藻水华形成与风的关系,研究设置了两种大面积蓝藻的定义规则:其一,定义单次蓝藻水华面积超过太湖水面面积的 20% 或 468 km² 以上的为大范围蓝藻水华,得到大范围蓝藻水华卫星遥感影像样本 113 个,除 2003 年和 2014 年以外的其他年份均有发生;其二,定义单次蓝藻水华面积超过 300 km² 以上的为大范围蓝藻水华,得到大范围蓝藻水华卫星遥感影像样本 256 个。

5.2.3　风的统计分析方法

太湖蓝藻水华的形成与输移对风的响应较为迅速,但同时也是前期气象条件影响的累积,本章节统计了卫星观测到蓝藻的 6—12 时及 9—12 时 2 个时次 5 个站点的风观测数据,考察各时间段平均风速、最大风速、最小风速和风向与蓝藻水华之间的关系。风的统计依据《地面气象观测规范》规定的方法。

5.2.4　风场的数值模拟方法

为全面、详细地了解近地层风场变化对蓝藻水华的影响,利用数值模式 WRF 3.5.1 对太湖区域的风场进行高分辨率模拟,分析近地面风场变化对蓝藻水华的强度、输移及分布范围的影响。模拟时间为 2010 年 9 月 3 日 08 时 8 日 08 时,期间太湖蓝藻水华经历了较明显的生消过程。WRF 3.5.1 数值模式采用 3 层嵌套结构,格距分别为 30 km、10 km 和 3.3 km,格点数分别为 232×172、166×121 和 109×79。模拟方案的初始场和边界气象资料取自美国气象环境预报中心(NCEP)提供的空间分辨率为 1°×1°、时间间隔为 6 h 的 FNL(Final Operational Global Analysis)全球分析资料,云微物理参数化方案采用 Purdue Lin,长波辐射方案为 RRTM,短波辐射方案为 Dudhia,陆面过程为 Noah 陆面模式,积云参数化方案为 Grell Devenyi ensemble scheme,边界层方案为 MellorYamada-Janjic。

5.3　风速对太湖蓝藻水华的影响分析

5.3.1　2003 年以来风速变化特点

在全球气候变暖背景下,太湖风场也随之发生了较为明显的改变。图 5.2 为 2003—2022 年太湖各月平均风速热力图。由图看出,近 20 年来,太湖区域各月平均风速均呈现了明显的下降趋势。其中,1—2 月、10—12 月的平均风速相对较小且变化不很明显,3—9 月风速相对较大且下降趋势更明显,总体上由 3 m·s⁻¹ 左右下降到了 2.2 m·s⁻¹ 左右。值得注意的是,3—9 月也是太湖蓝藻水华的高发重发期,这一时期风速的持续下降,可能也是导致近些年蓝藻水华高发、频发的重要因素之一(例如 2017 年、2019 年和 2020 年等)。基于太湖周边 5 个气象站(苏州、无锡、宜兴、东山、吴江)风速观测数据的进一步统计分析(图 5.3),可以发现 2003 年以来,太湖区域各月的最大风速、平均风速及最小风速均呈现了逐渐下降的趋势,其中平均风速以每月 0.003 m·s⁻¹ 的速度降低,而最大风速降低速度要大于最小风速的减小幅度,这就导致风速变化范围总体上趋于收窄。

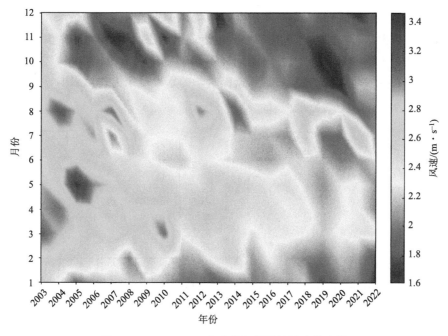

图 5.2　2003—2022 年太湖各月平均风速热力图

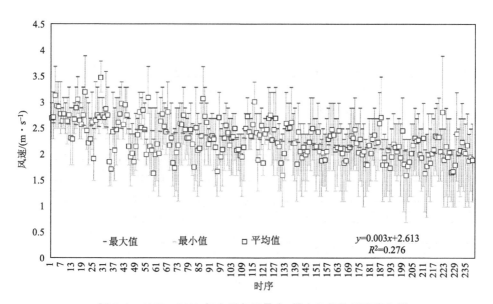

图 5.3　2003—2022 年太湖各月最大、最小和平均风速变化图

5.3.2　蓝藻水华对风速的响应

　　风及其引起的风浪为蓝藻水华的聚集、移动和空间分布提供了重要的驱动力。分析蓝藻水华面积、频次与风速的关系(图 5.4)可以发现,总体上,太湖蓝藻水华的面积、频次与风速呈负相关关系。进一步计算表明,2003 年以来太湖区域年平均风速以每年 0.03 m·s^{-1} 的速度

下降,而蓝藻水华累计面积和累计频次分别以每年 356.55 km² 和 5.69 次的速度上升。蓝藻水华累计面积与风速呈显著负相关($R^2 = 0.31, p < 0.05$),累计频次与年均风速呈极显著负相关关系($R^2 = 0.84, p < 0.01$)。太湖蓝藻发生时年均风速普遍小于 3 m·s⁻¹,说明较大风速不利于蓝藻水华的聚集;同样地,当风速较小且迫近静风状态时,蓝藻水华缺少风力驱动,湖泊底层蓝藻颗粒缺少上浮和聚集的动力条件,同样不利于蓝藻水华的聚集和扩散。年均风速和蓝藻水华发生面积及发生频次的关系表明,蓝藻水华的暴发受风力作用影响显著,且存在适宜的风速区间。

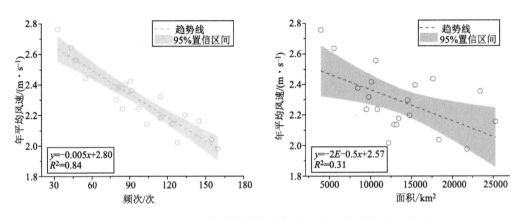

图 5.4　2003—2022 年太湖蓝藻水华频次、面积与年平均风速关系

5.3.3　蓝藻水华形成的风速分布特征

由于 FY-3D 和 TERRA/AQUA 卫星过境时间的不同,选取当日上午 6—12 时和 9—12 时平均风速作为评估影响太湖蓝藻水华发生发展的风的关键参数。2003—2022 年,卫星监测到太湖蓝藻水华发生 1973 次,统计相应的蓝藻水华发生当日 6—12 时和 9—12 时的平均风速,得到蓝藻水华频次与风速的分布情况(图 5.5)。可以发现,卫星监测到蓝藻水华的当日 6—12 时平均风速为 0.5～5.3 m·s⁻¹,平均最小风速仅为 0.5 m·s⁻¹,平均最大风速达 5.3 m·s⁻¹,平均值 2.0 m·s⁻¹。表明太湖蓝藻水华形成的风速条件相当宽泛,在风速超过通常认为的风速上限 3.4 m·s⁻¹(Zhang et al.,2021)的情形下,卫星仍然能观测到蓝藻水华的发生,直至最大风速 5.3 m·s⁻¹;尤其是,在风速 < 0.5 m·s⁻¹ 的近似静风条件下,卫星没有观测到太湖蓝藻水华的聚集,证实了蓝藻水华的形成需要一定的风力作为驱动力,类似静风条件并不利于蓝藻聚集形成水华。通过进一步计算出现蓝藻水华时对应风速概率,可以发现 90% 的蓝藻水华出现在 6—12 时平均风速为 1.0～3.2 m·s⁻¹ 的区间,平均风速小于 1.0 m·s⁻¹ 及大于 3.2 m·s⁻¹ 区间的蓝藻水华发生概率仅为 10%。类似地,蓝藻水华发生当日 9—12 时平均风速为 0.2～4.9 m·s⁻¹,最小值为 0.2 m·s⁻¹,最大值为 4.9 m·s⁻¹,平均值为 1.7 m·s⁻¹,90% 的蓝藻水华出现在 9—12 时平均风速为 0.6～2.9 m·s⁻¹ 的区间;平均风速小于 0.5 m·s⁻¹ 及大于 2.8 m·s⁻¹ 的区间很少观测到太湖蓝藻水华现象。

5.3.4　风速对蓝藻水华频次的影响

为分析不同风速对蓝藻水华频次的影响,将 6—12 时和 9—12 时的风速区间范围(0.50～5.26 m·s⁻¹)和(0.19～4.86 m·s⁻¹)进行 30 等分,分析每个等分区间蓝藻水华发生频次(图

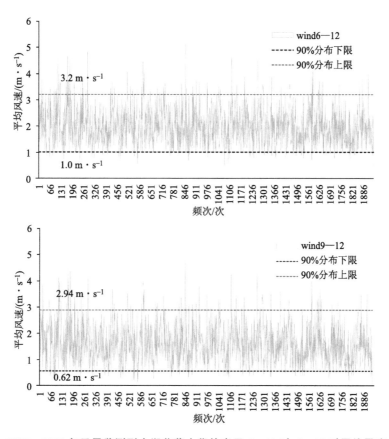

图 5.5　2003—2022 年卫星监测到太湖蓝藻水华的当日 6—12 时、9—12 时平均风速分布图

5.6）。6—12 时平均风速与太湖蓝藻水华发生频次的关系表明，1.6～1.8 m·s⁻¹ 风速是蓝藻水华发生频次最多的区段，占 2003—2022 年全部频次的 10%；蓝藻水华集中出现在平均风速为 0.8～3.2 m·s⁻¹ 的区段，占全部发生频次的 93.5%；平均风速小于 0.8 m·s⁻¹ 及大于 3.2 m·s⁻¹ 区间的蓝藻水华发生概率呈急剧下降趋势。9—12 时平均风速与太湖蓝藻水华发生频次的关系表明，1.2～1.4 m·s⁻¹ 风速是蓝藻水华发生频次最多的区段，占全部发生频次的 9%；蓝藻水华集中出现在平均风速为 0.5～2.8 m·s⁻¹ 的区段，占全部发生频次的 91%；平均风速小于 0.5 m·s⁻¹ 及大于 2.8 m·s⁻¹ 的区间蓝藻水华发生概率呈明显下降趋势。随着平均风速的减小，蓝藻发生频次区间逐渐趋向低风速，这与适度低风速易于蓝藻水华发生发展的观测结果相一致。

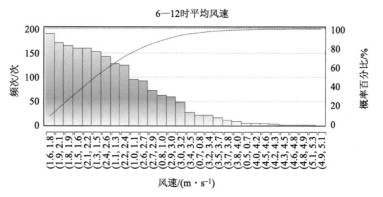

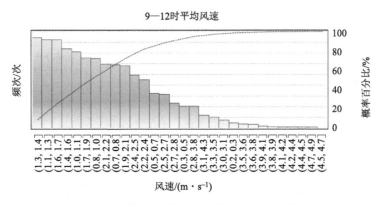

图 5.6　不同平均风速区间蓝藻水华发生频次

5.3.5　风速对蓝藻水华面积的影响

图 5.7 为 2003—2022 年太湖蓝藻水华面积及对应 6—12 时、9—12 时平均风速分布图。由图可以看出,在一定的风速范围内,随着风速的增大监测到大面积蓝藻水华的概率显著减小。蓝藻水华面积总体上随着风速的增大而减小,风速 v 与面积 a 间存在如下关系($R^2 =$ 0.17,通过 0.01 显著性检验):

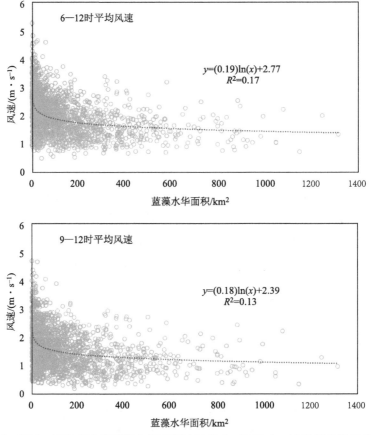

图 5.7　2003—2022 年太湖蓝藻水华面积及对应 6—12 时、9—12 时平均风速分布图

$$v = 0.19 \times \ln(a) + 2.77 \ (p < 0.01) \tag{5.1}$$

类似地,从太湖蓝藻水华面积及 9—12 时平均风速分布图可以看出,蓝藻水华面积总体上也随着风速的增大而减小。风速 v 与面积 a 间存在如下关系($R^2 = 0.13$,通过 0.01 显著性检验):

$$v = 0.18 \times \ln(a) + 2.39 \ (p < 0.01) \tag{5.2}$$

依据区间样本数等分原则,将面积分成 $0 \sim 7 \ \text{km}^2$、$8 \sim 15 \ \text{km}^2$、$16 \sim 27 \ \text{km}^2$、$28 \sim 48 \ \text{km}^2$、$49 \sim 75 \ \text{km}^2$、$76 \sim 109 \ \text{km}^2$、$110 \sim 152 \ \text{km}^2$、$153 \sim 224 \ \text{km}^2$、$225 \sim 366 \ \text{km}^2$ 及 $367 \sim 1317 \ \text{km}^2$ 共 10 个区间,各区间内平均风速(6—12 时)最大值、最小值、中位数、上四分位数和下四分位数及箱体图如图 5.8 所示,各面积区间最大风速随面积增大呈现显著下降趋势,平均最小风速则随面积增大缓慢减小,总体波动范围呈收窄趋势;相应地,平均风速的上四分位数和下四分位数对应的风速范围也随面积增大呈收窄趋势,上四分位数由最小面积区间对应的 2.99 m·s^{-1} 下降至最大面积区间的 1.88 m·s^{-1},下四分位数随面积增大由 1.92 m·s^{-1} 下降至 1.18 m·s^{-1},箱体风速差则由 1.11 m·s^{-1} 减至 0.7 m·s^{-1}。同样地,9—12 时平均风速与蓝藻面积呈现类似的波动趋势,平均风速的上四分位数和下四分位数对应的风速范围随面积的增大呈收窄趋势,由最大的 1.47 ~ 2.62 m·s^{-1} 缩减至 0.80 ~ 1.51 m·s^{-1}。这一结果表明了大面积蓝藻水华形成需要更严格的风速限制条件。

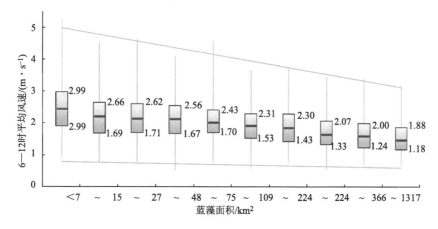

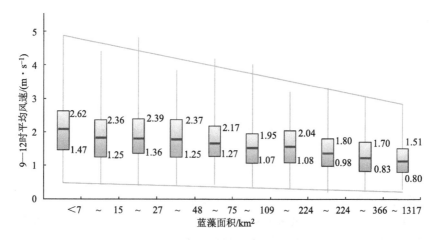

图 5.8　2003—2022 年蓝藻水华不同面积区间及对应 6—12 时、9—12 时平均风速图

5.3.6 风速对大范围蓝藻水华的影响

为考察大范围蓝藻水华形成与风的关系,定义单次蓝藻水华面积超过太湖水面面积的 468 km² 或 300 km² 以上的为大范围蓝藻水华。首先,按照面积大于 468 km² 得到大范围蓝藻水华卫星遥感影像样本 113 个。大范围蓝藻水华发生频次与 6—12 时平均风速关系表明(图 5.9):1.1～1.3 m·s⁻¹ 风速是蓝藻水华发生频次最多的区段,占 2003—2022 年全部频次的 20.4%;蓝藻水华集中出现在平均风速为 0.7～2.3 m·s⁻¹ 的区段,占全部发生频次的 96%;平均风速小于 0.7 m·s⁻¹ 及大于 2.3 m·s⁻¹ 区间的蓝藻水华发生概率呈急剧下降趋势。9—12 时平均风速与太湖蓝藻水华发生频次的关系表明:0.8～1.0 m·s⁻¹ 风速是蓝藻水华发生频次最多的区段,占全部发生频次的 22.1%;蓝藻水华集中出现在平均风速 0.3～2.0 m·s⁻¹ 的区段,占全部发生频次的 95%;平均风速小于 0.3 m·s⁻¹ 及大于 2.0 m·s⁻¹ 的区间蓝藻水华发生概率呈下降趋势。总体上,在风速小于 0.3 m·s⁻¹ 或大于 2.8 m·s⁻¹ 的情况下,几乎观测不到大范围蓝藻水华(大于 468 km²)的聚集。

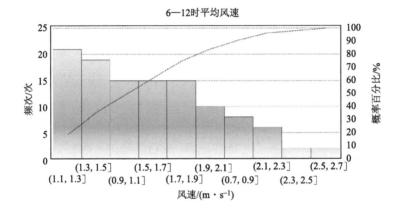

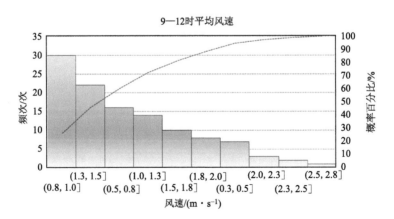

图 5.9　不同平均风速区间蓝藻水华发生频次(＞468 km²)

其次,按照面积大于 300 km² 得到大范围蓝藻水华卫星遥感影像样本 256 个。大范围蓝藻水华发生频次与 6—12 时平均风速关系表明(图 5.10):1.2～1.5 m·s⁻¹ 风速是蓝藻水华发生频次最多的区段,占 2003—2022 年全部频次的 24.2%;蓝藻水华集中出现在平均风速为 0.7～2.3 m·s⁻¹ 的区段,占全部发生频次的 92%;平均风速小于 0.7 m·s⁻¹ 及大于 2.3 m·s⁻¹

区间的蓝藻水华发生概率呈急剧下降趋势。9—12 时平均风速与太湖蓝藻水华发生频次的关系表明：0.8~1.1 m·s⁻¹ 风速是蓝藻水华发生频次最多的区段，占全部发生频次的 21.1%；蓝藻水华集中出现在平均风速 0.2~2.2 m·s⁻¹ 的区段，占全部发生频次的 93%；平均风速小于 0.2 m·s⁻¹ 及大于 2.2 m·s⁻¹ 的区间蓝藻水华发生概率呈下降趋势。总体上，在风速小于 0.2 m·s⁻¹ 或大于 3.4 m·s⁻¹ 的情况下，几乎观测不到大范围蓝藻水华(大于 300 km²)的聚集。

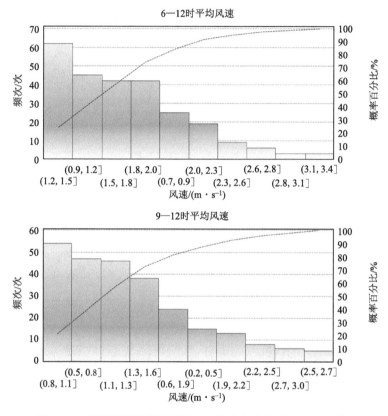

图 5.10　不同平均风速区间蓝藻水华发生频次(大于 300 km²)

5.4　风向对太湖蓝藻水华的影响分析

风向主要通过影响蓝藻水华的输移而影响其在全湖的分布格局。图 5.11 为各季节太湖蓝藻水华频次分布及风向玫瑰图。我们可以看到，在春季太湖蓝藻水华的复苏期，太湖区域盛行东南东风向，相应地，在东南东风向的驱动下，蓝藻更容易向太湖的西北部方向漂移，积聚形成水华，从而在太湖西北部沿岸区形成蓝藻水华的相对高频区，而这一时期梅梁湖和竺山湖的蓝藻水华频次并非最高；在夏季蓝藻水华活跃期，在主导风向仍为东南东的风的作用下，蓝藻向西北部漂移，与西部沿岸区、梅梁湖和竺山湖区域自身生长的蓝藻积聚共同形成蓝藻水华，成为太湖蓝藻水华的频发重发区；秋季仍处于活跃期，但主导风向已转为北风，在相对高频率的北风或西北风的作用下，大量蓝藻向太湖湖心区及南部漂移集聚，频发重发区域向湖心区和南部沿岸区转移；12 月至次年 2 月份，为蓝藻越冬期，随着气温的下降，蓝藻水华逐渐进入衰败期,前期形成的大量蓝藻水华不可能在短时间内迅速消亡,在主导风向为西北向的风作用下,蓝藻水华高频区域继续向太湖湖心区转移。

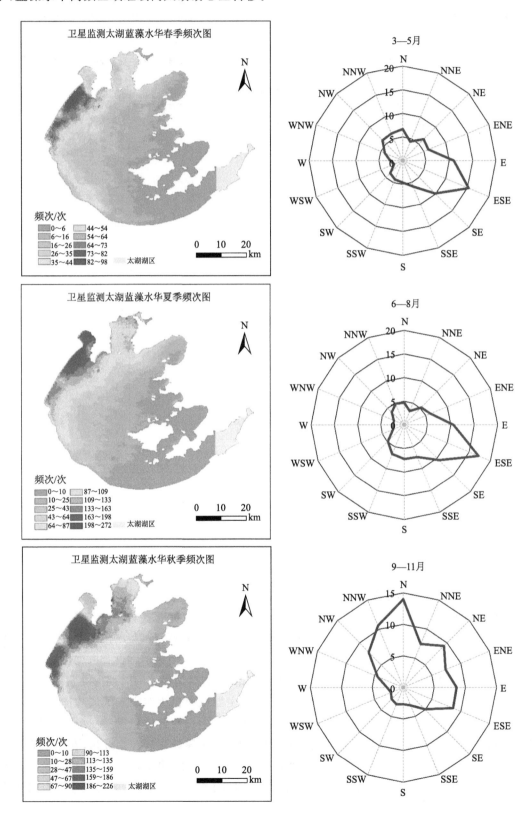

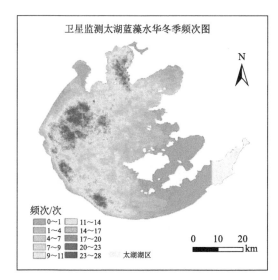

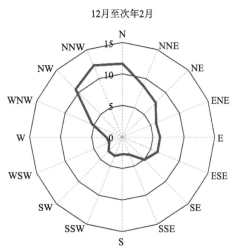

图 5.11　各季节太湖蓝藻水华频次分布及风向玫瑰图

5.5　数值模拟近地面风场的影响分析

利用 WRF3.5.1 对区域近地面风场进行数值模拟,分析近地面风场对蓝藻水华输移及分布范围的影响。以 2010 年 9 月 4—7 日过程为例(表 5.1、图 5.12)。2010 年 9 月 4—7 日,太湖湖区及沿岸地区日平均气温在 29 ℃左右,日平均风速<3 m·s⁻¹,气象条件适宜,卫星均观测到了蓝藻水华,但面积和范围不同,4 日和 6 日蓝藻水华面积分别达 789 km² 和 795 km²,而 7 日仅有 6 km²。

表 5.1　2010 年 9 月 4—7 日的蓝藻水华过程

时间	平均风速/(m·s⁻¹)	平均气温/℃	面积/km²
9 月 4 日 13 时	1.86	29.7	789
9 月 5 日 10 时	2.06	29.3	67
9 月 6 日 11 时	1.82	28.8	795
9 月 7 日 10 时	2.38	28.8	6

9 月 4 日 13 时,梅梁湖、西部沿岸区及湖心区北部区域为低风速区,风速为 2~3 m·s⁻¹ 或更小,无明显主导风向,在上述区域观测到大范围蓝藻水华,贡湖和竺山湖及西部近岸等区域由于风速相对较大,范围或强度明显偏小。

9 月 5 日 10 时,湖面风速增大,仅南部沿岸区和湖心区南部有 2~3 m·s⁻¹ 的低风速区,而该区域因水质较好蓝藻水华频次较低,在东北向风场影响下,仅在西南部沿岸区和湖心区观测到小面积蓝藻水华。

9 月 6 日 11 时,西南部大片区域风速仅为 1~2 m·s⁻¹,且风向主要为偏东或东北向,太湖西部沿岸区和湖心区西部再次出现大面积蓝藻水华,而竺山湖、梅梁湖及贡湖等区域几乎未出现蓝藻水华。

　　9月7日10时,湖面风速明显增大,大部分区域超过4 m·s^{-1},大面积蓝藻水华已不见踪影。表明蓝藻水华对近地面风场的响应非常迅速,较小风速有利于蓝藻颗粒的上浮聚集形成水华,较大风速则抑制作用显著。

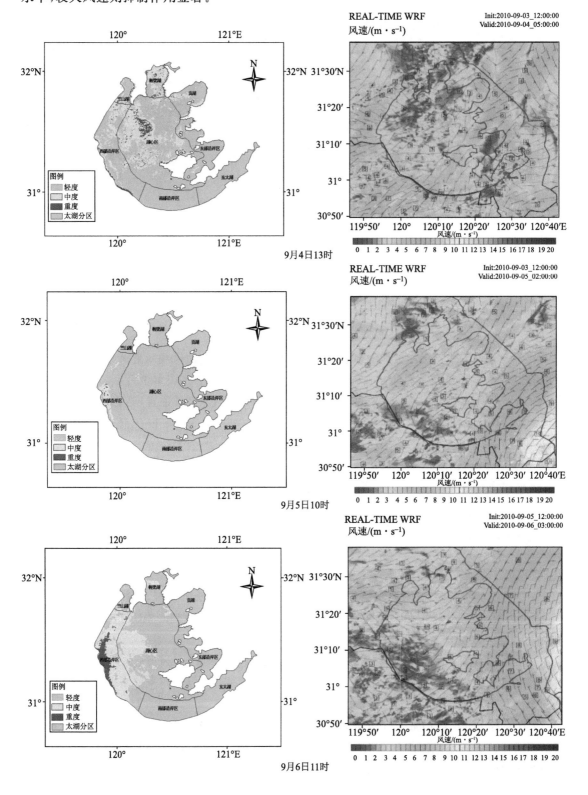

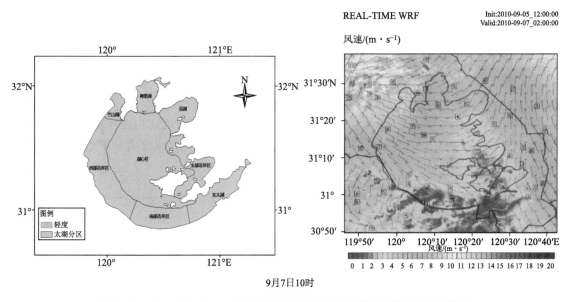

9月7日10时

图 5.12　2010 年 9 月 4—7 日蓝藻水华分布及近地面风场数值模拟对照图

5.6　太湖蓝藻水华形成的适宜风速指标

适宜风速范围。蓝藻水华常呈现空间和时间上的高度变异与不稳定性,在风浪的作用下,蓝藻细胞(团)迅速上浮形成水华和下沉消失的转换相当迅速,因此,仅用风速的日平均值或月平均值均不能反映风的真实影响。为此本章根据卫星解译得到的 1973 次太湖蓝藻水华,统计了蓝藻发生当日 9—12 时及 6—12 时段的平均风速情况,分析风速对蓝藻水华的影响,可以发现风速较低时,浮游藻类更有可能漂浮起来形成水华,而较低的风速对已经形成的水华运动影响较小。不同风场作用下藻类在湖泊中的迁移过程表明,不同风场对于藻类在湖泊中的水平及垂直分布影响很大,并且存在着一个适宜风速,其范围在 $0.8 \sim 3.2 \ m \cdot s^{-1}$(6—12 时)或 $0.5 \sim 2.8 \ m \cdot s^{-1}$(9—12 时)。太湖蓝藻水华面积随风速的动态变化非常明显,湖面风速较小,使得蓝藻颗粒上浮聚集,加上辐散环流促进蓝藻漂移扩散,蓝藻水华面积迅速扩大;反之湖面风速大抑制了蓝藻颗粒的上浮和扩散,蓝藻水华面积迅速减小(表 5.2)。

表 5.2　蓝藻水华的风速(6—12 时和 9—12 时平均风速)指标

风速指标	风速范围	适宜风速	大面积蓝藻最适风速($>468 \ km^2$)
6—12 时平均风速指标及描述	$0.0 \sim 5.3 \ m \cdot s^{-1}$ 卫星监测到蓝藻水华的平均最低风速为 $0.0 \ m \cdot s^{-1}$,最大为 $5.3 \ m \cdot s^{-1}$	$0.8 \sim 3.2 \ m \cdot s^{-1}$ 蓝藻水华频次累计占比达 93.5%,其中大范围蓝藻水华出现时风速均<3 $m \cdot s^{-1}$	$0.7 \sim 2.3 \ m \cdot s^{-1}$ 蓝藻水华频次累计占比达 96%,且主要出现在平均风速<2 $m \cdot s^{-1}$ 的情况下
9—12 时平均风速指标及描述	$0.0 \sim 4.9 \ m \cdot s^{-1}$ 卫星监测到蓝藻水华的平均最低风速为 $0.0 \ m \cdot s^{-1}$,最大为 $4.9 \ m \cdot s^{-1}$	$0.5 \sim 2.8 \ m \cdot s^{-1}$ 蓝藻水华频次累计占比达 91%,其中大范围蓝藻水华出现时风速均<3 $m \cdot s^{-1}$	$0.3 \sim 2.0 \ m \cdot s^{-1}$ 蓝藻水华频次累计占比达 95%,且主要出现在平均风速<2 $m \cdot s^{-1}$ 的情况下

临界风速范围。为了进一步分析蓝藻水华与平均风速的相关关系,研究把蓝藻水华发生面积按照从小到大排序,并按照发生频次均分为 5 个等次。结果表明,低风速更有利于大面积蓝藻水华的发生发展,大面积蓝藻发生概率沿直角三角形斜边逐渐迫向低风速(图 5.13),但当风速小于 0.8 m·s^{-1}(6—12 时)或 0.5 m·s^{-1}(9—12 时)且风速大于 3.2 m·s^{-1}(6—12 时)或 2.8 m·s^{-1}(9—12 时)时,蓝藻发生概率急速下降。这是因为当风速处于临界风速之间时,水面可以近似看作水动力光滑,波浪较小,在水表面藻类顺着风向迅速向迎风岸边漂移,形成藻类大量堆积。但当风速超过临界风速时,将产生波浪作用,波浪、风扰动及平均环流的共同作用会使得藻类在水体中难以扩散。

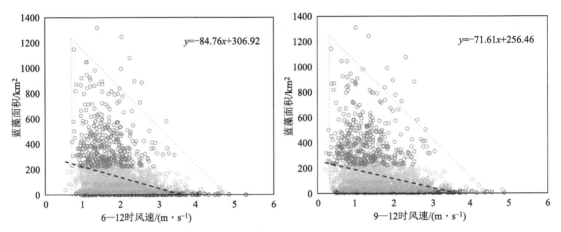

图 5.13　不同区间太湖蓝藻水华面积与平均风速关系图

5.7　小结

本章节利用太湖湖面及周边地区 2003—2022 年小时、月、季、年尺度的气象观测数据及遥感监测资料,从气象学角度深入分析太湖蓝藻水华形成、输移与分布的风场特征,明确蓝藻水华,尤其是大面积蓝藻水华形成的适宜风速参数,并对太湖区域风场进行高分辨率数值模拟,分析近地面风场变化对蓝藻水华的影响,结果表明:

① 蓝藻水华的形成需要一定的风力及其产生的风浪和湖流的扰动。风速较小,有利于蓝藻颗粒上浮和聚集,蓝藻水华面积将增大,但是小于临界值时由于缺乏动力作用,将限制大面积蓝藻的发生;反之,风速较大将抑制蓝藻暴发。

② 蓝藻水华面积总体上随风速增大而减小。综合 6—12 时和 9—12 时平均风速指标,在 0.0~5.3 m·s^{-1} 风速区间内,卫星均能观测到蓝藻水华,蓝藻水华适宜的风速区间为 0.5~3.2 m·s^{-1},大面积蓝藻水华最适风速区间为 0.3~2.3 m·s^{-1}。

③ 风向主要影响蓝藻水华的分布格局。在春季复苏期和夏季活跃期,主导风向为东南东,蓝藻水华主要向西北部方向漂移,与西部沿岸区、梅梁湖和竺山湖区域自身生长的蓝藻共同形成蓝藻水华,成为蓝藻水华频发重发区;在秋季活跃期,主导风向转为北风,大量蓝藻水华向太湖南部漂。蓝藻水华逐渐进入衰败期,前期形成的大量蓝藻水华在主导风向西北风的作用下,继续向太湖湖心区转移。

第 6 章　降水、光照和相对湿度
对太湖蓝藻水华的影响

除气温和风外,降水、光照和相对湿度对蓝藻水华的形成与发展也有重要的影响。其中光照是蓝藻进行光合作用的能量来源,是影响蓝藻生长繁殖的重要因素;降水的多寡、持续时间的长短以及等级大小与蓝藻的短期变化和长期发展也都有着密切的关系;而相对湿度对蓝藻的影响目前还存在不同的结论。本章节在回顾前人相关研究的基础上,进一步利用近 20 年(2003—2022 年)的卫星监测数据,结合气象观测站提供的气象要素信息,以太湖蓝藻为例,揭示降水、光照和相对湿度在年、季、月和日时间尺度上对蓝藻水华的具体影响。

6.1　降水对太湖蓝藻水华的影响分析

降水对蓝藻水华发生发展机制的影响较为复杂。由于人们观测到降水往往伴随着蓝藻水华的消失,因此,早期普遍认同降水会对蓝藻水华的消退起到积极作用,这主要是因为短期的强降水冲刷破坏了水体的分层现象,可以暂时性地抑制或驱散蓝藻水华的形成,而且这种冲刷和驱散作用会随着降雨强度的增加而越发明显。武胜利等(2009)利用卫星观测得到了这一现象,2007 年 8 月 30 日在太湖湖面观测到了大面积的蓝藻水华信息,在经过一次降水过程(9 月 3 日发生降水,降水量 50 mm)后,9 月 6 日的卫星晴空影像显示太湖湖面基本没有蓝藻水华信息;近期的一些研究也得到了类似的结果(Havens et al. ,2017;Luo et al. ,2022)。但与此同时也有相反的观点,认为这种短期强降水的抑制作用可能只是暂时的,2～3 d 之后,在适宜的气象条件下又会出现蓝藻水华(刘心愿 等,2018)。此外,在不同时期的短期强降水、长期的持续性或大量的降水等都会对蓝藻水华的发生发展机制产生重要的、且互不相同的影响(Luo et al. ,2022;罗晓春 等,2019)。目前普遍认为降水会对蓝藻水华的发生产生强烈影响,但由于缺乏长期、高频的蓝藻水华和降水观测数据,对于降水在内陆湖泊蓝藻水华形成的机理作用仍然不甚明确。为此,我们利用 2003—2022 年的卫星监测数据和气象观测站的降水数据,从年、季、月和日等不同的时间尺度上,详细分析了降水对蓝藻水华的影响。

6.1.1　年降水量与蓝藻水华的关系

利用卫星监测到的蓝藻水华样本和相应的气象观测数据分析,我们发现年降水量与太湖蓝藻水华的面积变化趋势基本一致。图 6.1 展示了 2003—2022 年太湖蓝藻水华累计面积与累计降水量的历年分布和趋势变化规律。由图可见,总体上,太湖蓝藻水华年累计面积和累计降水量均随时间呈较明显的增加趋势。但具体来看,蓝藻水华面积与降水量之间并不存在显著的正相关关系($R^2=0.04$)。2003年起降水量持续稳定增加,至2009年达阶段高点后有所下降并呈波动状态,2014年开始又持续增加至2016年达近20年的一个峰值,2017年又快速下降,直至2022年均维持相对较低的水平;与之相对应,蓝藻水华面积也从2003年开始快速增加,至2007年达阶段性高点,此后快速下降,呈波动状态,2015年开始上升直至2017年达近20年的最大值,此后又快速下降并在均线附近波动。比较2003年以来的蓝藻水华面积和降水量变化曲线,可以发现,2003—2007年太湖区域降水持续偏少,降水距平均为负值,导致太湖水位持续偏低,湖水中营养盐浓度持续升高(朱广伟 等,2018),引发了2006—2007年的蓝藻水华大暴发;2014年开始连续3年降水偏多,尤其是2015年和2016年,降水量为近20年的两个最大值,持续大量的降水将土壤或大气中更多的营养盐带入湖中,但由于降水导致了超高水位,当年的营养盐浓度并不高,2017年降水量显著下降,随之而来的是水位下降和部分营养盐浓度升至近20年的最高位(朱广伟 等,2018),由此引发的蓝藻水华面积超过了以往任何一年。因此,我们认为,在年时间尺度上,降水量主要体现了对营养盐浓度的调节作用,长期降水量偏少会导致湖泊水位下降,蓄水量减小,营养盐浓度上升,有利于蓝藻生长和水华形成;反之,长期持续大量的降水可能将土壤或大气中更多的营养盐带入湖中,尽管当年由于蓄水量增加,营养盐浓度不一定会上升,但此后如遇降水减少等适宜环境条件,营养盐浓度则会升高,从而引发大面积蓝藻水华。

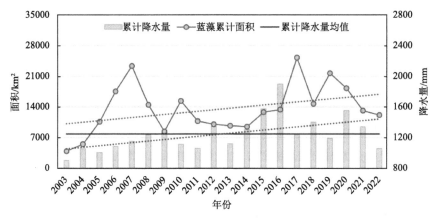

图6.1 2003—2022年太湖蓝藻水华累计面积与累计降水量年际变化图

6.1.2 季降水量与蓝藻水华的关系

季节尺度上,降水与太湖蓝藻水华面积之间的年际变化趋势特征因季节不同而有所差异,但两者整体的相关关系在各个季节均不明显。根据2003—2022年的卫星监测分析,图6.2揭示了各季节太湖蓝藻水华累计面积与累计降水量的历年分布和趋势变化规律。其中,春季的累计降水量每年都差异不大,整体的变化趋势较为平缓,而相应的蓝藻水华累计面积整体呈增加趋势且波动很大,春季蓝藻水华面积的年际分布呈现了2个峰值,分别为2007—2008年和2017—2021年,对应了降水量的阶段性相对低值,2010—2016年的蓝藻水华面积低值区也大致对应了降水量的相对高值;夏季和秋季对应的降水量和蓝藻水华累计面积年际变化曲线均呈不同程度的增加趋势,尤其是秋季,蓝藻水华面积分布与相应的降水量年分布极为相似;冬季的降水和蓝藻水华面积都是4个季节中相对最少的,降水的年际变化呈轻微的下降趋势,而蓝藻水华面积的年际变化则为轻微的上升趋势。因此,在季节尺度上,降水对蓝藻水华的影响可能既体现了的营养盐浓度调节的长期效应,又体现了短期降水的稀释和冲刷效应。

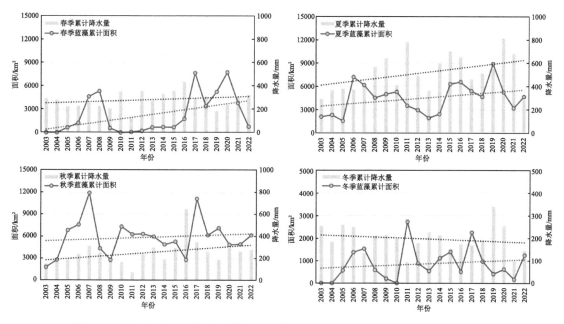

图 6.2　春季、夏季、秋季和冬季的太湖蓝藻水华累计面积与累计降水量年际变化图

6.1.3　月降水量与蓝藻水华的关系

　　月降水与太湖蓝藻水华面积之间的相关关系不明显。首先,从历年太湖蓝藻水华活跃期(5—11 月)逐月的累计面积和累计降水分布特征上看(图 6.3),蓝藻水华的月累计面积和累计降水量均呈明显的周期性变化,且总体均呈轻微的上升趋势。蓝藻水华面积和降水量的时间变化趋势并不同步,峰谷值也不重合,但通常降水显著偏多的月份,对应的蓝藻水华面积也较小,而蓝藻水华面积显著偏大的月份,往往对应的降水也偏少,但两者的相关关系也不明显。图 6.4 分析了多年平均的月尺度降水与蓝藻水华累计面积的关系。统计结果显示,1—2 月为冬季少雨季节,降水量少,冬季也是蓝藻水华的休眠期,蓝藻水华很少出现,降水与蓝藻水华之间无明显的对应关系;3 月开始太湖地区进入春季,雨量开始增加,蓝藻也进入复苏生长期,4 月起蓝藻水华逐渐出现,在适宜的气象条件下可能发生大面积聚集,4—5 月的蓝藻水华累计面积快速增加;6—8 月进入夏季,气温高,光照足,是光温条件最适合蓝藻水华的时期之一,但由于 6—7 月处于每年一度的梅雨季节,梅雨期是太湖地区降水最集中的阶段,常年平均 6 月中下旬开始入梅,至 7 月中旬前后出梅,持续时间长,降水量大,强降水多,对蓝藻水华有较大的抑制作用,6—7 月蓝藻水华累计面积较 5 月有较明显的下降,梅雨天气结束后进入高温天气,降水量减少,降水主要以短时降水为主,大部分时间为高温晴朗的天气,因此 8 月蓝藻水华累计面积又开始增多;秋季也是最适宜蓝藻水华繁殖的一个季节,温高光足,降水少,因此蓝藻水华累计面积在 9 月达到峰值;10—12 月尽管降水量明显减少,但由于气温逐渐下降,蓝藻水华聚集面积也开始逐月迅速减小,虽然还常常出现大面积蓝藻水华聚集,但总体上蓝藻水华进入衰退期,直至进入越冬休眠期。从蓝藻水华面积的月变化来看,尽管其与降水量的分布趋势

有一定的重合,呈现出降水多面积大、降水少面积小的特点,但降水多总体上应该不利于蓝藻水华的出现,如 6—7 月份梅雨期雨量大,相应的蓝藻水华就少。实际上,蓝藻水华的月变化可能更多地受到气温的变化影响。

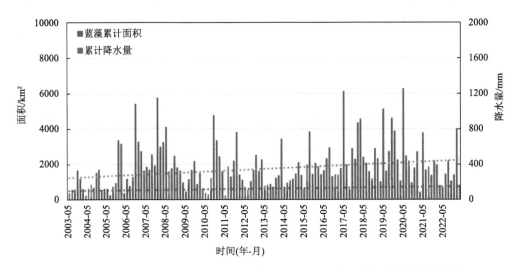

图 6.3 2003—2022 年 5—11 月太湖蓝藻水华累计面积与累计降水量逐月变化图

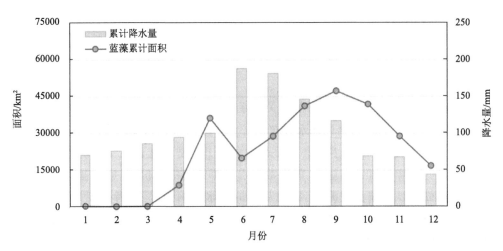

图 6.4 2003—2022 年太湖蓝藻水华累计降水量与累计面积月际变化图

6.1.4 日降水量与蓝藻水华的关系

为进一步考察短期降水对蓝藻水华的影响,我们分析了卫星监测到蓝藻水华前 24 h 内的降水情况。考虑到不同等级的降水可能对蓝藻水华发生有不同的作用,将降水进一步划分成小雨(24 h 降水量<10 mm)、中雨(10 mm≤24 h 降水量<25 mm)和大雨(24 h 降水量≥25 mm)3 个等级。图 6.5 为 2003—2022 年卫星在太湖湖面监测到蓝藻水华时刻前 24 h 内的降水分布情况。结果显示:在卫星观测到的总计 1973 个蓝藻水华样本中,此前 24 h 未发生降水的样本为 1206 个,占比 61.1%,有降水记录的样本为 767 个,占比为 38.9%;而在这 767 个既有蓝藻水华又有降水的样本中,对应的小雨样本占比最高,高达 88.2%,中雨次之,占比 9.5%,大雨最少,占比仅2.3%。这些统计数据表明,虽然无降水情形下蓝藻水华出现的比例最高,但在有降水的情形下,

蓝藻水华发生比例依然高达 38.9%,其中小雨占比近 90%,而中雨和大雨占比很少,相对而言,小雨对蓝藻水华的出现存在一定的促进作用,而中雨和大雨对蓝藻水华则起到了抑制作用。

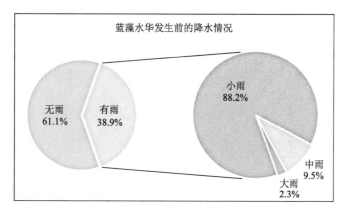

图 6.5 2003—2022 年卫星监测蓝藻水华前 24 h 雨量等级占比图

进一步分析大面积蓝藻水华与降水的关系。将单次面积超过太湖湖面面积 20%(即 468 km²)的蓝藻水华称为大面积蓝藻水华。图 6.6 为 2003—2022 年卫星监测到的大面积蓝藻水华出现前 24 h 雨量等级占比图。由图可见,在前 24 h 有降水记录的情况下,小雨对应的大面积蓝藻水华样本占比高达 92.0%,中雨为 8.0%,无大雨情形。这说明了大多数的小雨天气对蓝藻水华大面积聚集也存在促进作用,而中雨和大雨则对蓝藻水华大面积聚集可能存在抑制作用。这些特征与前人的统计结果也是一致的,王铭玮等(2011)分析的淀山湖 2007—2009 年蓝藻水华的发生情况与降水量的关系显示,蓝藻水华暴发当日的降水普遍较小或者无降水,仅在 2009 年的 3 次暴发当日分别出现 0.3 mm、1.6 mm 和 5.4 mm 的降水,其他蓝藻水华暴发日均无降水发生;此外,连续降水或者大于 40 mm 的强降水天气出现时,蓝藻水华暴发的频次较低。所以蓝藻水华暴发期间降水量偏低有利于蓝藻的上浮和聚集,而强降水的出现则会抑制蓝藻上浮形成水华。陈中赟等(2014)的研究表明,大多数的小雨天气有利于蓝藻水华的短期发展,而中等强度的降水则对蓝藻水华的短期发展有一定的抑制作用,大雨及以上等级的降水过程对蓝藻水华的抑制更为明显。张晓忆等(2016)利用粗糙集决策调节回归模型研究蓝藻水华与气象条件之间的关系发现,日降水量与蓝藻水华之间呈负的相关关系,降水量超过 0.1 mm 会使蓝藻水华暴发的概率降低。

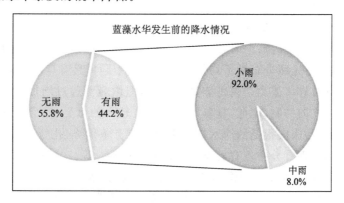

图 6.6 2003—2022 年卫星监测蓝藻水华暴发(面积≥468 km²)前 24 h 雨量等级占比图

综上所述,降水与蓝藻水华之间的关系较为复杂,不同的降水频率、降水持续时间和降水量大小都会对蓝藻水华的短期变化和长期发展产生重要影响。其影响主要体现在以下几个方面:①总体上降水在一定程度上能增强湖水的扰动,有利于水下蓝藻的上浮和底泥中营养盐的释放;②短时间持续大量的降水会增加太湖水容量,对藻类密度有稀释作用甚至冲散作用,不利于蓝藻成群上浮聚集形成水华;③持续的降水过程又会通过引起流域的水文变化使得水体中的营养盐增加,有利蓝藻的生长繁殖;④长期降水偏少则可能使水中营养盐浓度和藻密度提高,有利于蓝藻水华形成。

6.2 光照对太湖蓝藻水华的影响分析

6.2.1 光照对蓝藻的影响

光照是影响藻类生长繁殖的最重要生态因子之一,也是其生长的主要能量来源(施丰华等,2011;王伟 等,1998;殷燕 等,2012)。藻类与大多数高等植物一样具有光合作用,通过光合作用利用自然界中丰富的二氧化碳和水合成有机物,同时提供生物必需的氧气。浮游藻类是海洋和内陆水体中最主要的初级生产者,其生产力约占全球总植物生产力的 45%,为整个水域生态系统提供了能量来源,可以说,藻类的光合作用对于维持地球生态系统的平衡和稳定起到了关键作用(Field et al.,1998)。

浮游藻类中含有色素,通过吸收光照进行光合作用,叶绿素 a 是浮游藻类中最丰富的色素,其吸收光谱表明在 450~650 nm 的吸收率较小。但由于蓝藻细胞体内除了具有叶绿素外,还同时具有藻胆蛋白(包括藻蓝蛋白、别藻蓝蛋白),这些色素使得蓝藻可以利用其他藻类所不能利用的绿、黄和橙色部分的光(500~600 nm),从而比其他藻类具有更宽的光吸收波段,能更有效地利用水下光的有效光辐射并可以生长在仅有绿光的环境中。因此,光照影响着蓝藻水华的发生,在一定 pH 值、温度和营养条件下,光照度影响着光合作用产物的多少,从而影响藻类的生长繁殖和密度(高静思 等,2019)。

室内试验的研究结果表明(张青田 等,2011),铜绿微囊藻对光照度要求不高,较低光照即可快速增长,光照度 2000~6000 lx 适宜铜绿微囊藻快速增殖,光照度小于 1000 lx 时,明显抑制铜绿微囊藻的生长,但是即使无光也没能使藻细胞在短期内"完全死亡"。在较低的光照条件下蓝藻可以比其他藻类具有更高的生长速率,这样在扰动及其他浮游生物数量较多的条件下,蓝藻就具有更多的竞争优势;同时,蓝藻本身仅需较少的能量就能维持其细胞的结构和功能,这使得其在营养盐与光照分布极不均匀的浅水湖泊中同样具有竞争优势。除此之外,长期暴露在强光照条件下对许多藻类来说可能是致命的,但微囊藻通过增加细胞内类胡萝卜素的含量而保护细胞免受光的抑制,因此,蓝藻对强光也有较大的忍受性,而其所具备的抗拒紫外伤害的特性,使得其在透明度很低的浅水湖泊中也具有竞争优势(孔繁翔 等,2005)。

光照条件对藻类的垂直分布也有着重要的影响(张海春 等,2010;Pinilla,2006;Wallace et al.,2000)。光照通过影响蓝藻光合作用的强弱进而影响蓝藻细胞内的碳水化合物含量(唐汇娟 等,2003),使得蓝藻能够通过伪空泡的组装与破裂以及碳水化合物的合成与消耗来调节其在水体中的垂直位置,获取上浮和下沉的能力。这种沉浮的能力一方面使得它们能更好地适应生存环境的变化,如漂浮到表层以增加获得适宜的光照条件,或者迁移到营养盐较适宜的位置以增加营养盐的供给;另一方面,蓝藻水华通过细胞分裂和胶鞘形成,形成了细胞数量很多的群体,不仅增强了下沉和上浮的速度,而且减少了沉积的损失。蓝藻这种能够进行垂直迁移的特性,使得它们在与其他藻类竞争营养盐,尤其是在竞争光的方面具有显著的优势。

6.2.2　光照对太湖蓝藻水华的影响

利用近 20 年(2003—2022 年)的每日卫星遥感监测数据,统计了日日照时数与蓝藻水华发生频次的分布情况(图 6.7),结果显示:太湖蓝藻水华发生当日对应的日照时数范围分布较为广泛,日照时数在 0~13 h 内均有相应的蓝藻水华发生,其中平均日照时数为 8.1 h,最大日照时数长达 12.6 h;同时,绝大多数的蓝藻水华发生对应的日照时数都集中在 5~12 h,约占蓝藻水华发生总频次的 90%,而日照时数不足 1 h 的占比为 1%,仅有 21 次;另外,日照时数为 9 h 时,蓝藻水华发生的频次最多,达 385 次,占比 20%。表明适宜的光照条件有利于蓝藻水华的发生,也是大面积蓝藻水华暴发的重要条件。武胜利等(2009)分析了 2003 年 6 月至 2007 年 5 月共计 16 次较重以上等级的太湖蓝藻水华暴发事件对应的日照时数,统计显示日照时数平均为 8.6 h,最少不低于 6 h。王铭玮等(2011)分析了淀山湖 2007—2009 年日照时数与蓝藻水华暴发时间的关系,发现在蓝藻水华暴发的当日,日照时数大多超过 5 h,而日照时数为 0 h 的天数均无蓝藻水华暴发。因此,充足的日照为蓝藻的快速增殖提供了有利条件,是蓝藻水华发生和大面积暴发的重要条件之一。

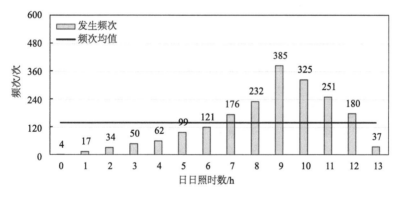

图 6.7　2003—2022 年太湖蓝藻水华发生频次与当日日照时数分布图

图 6.8 分别展示了日照时数与太湖蓝藻水华累计面积、平均面积和最大面积之间的统计关系。由图可知,累计面积(图 6.8a)的整体分布特征与发生频次(图 6.7)高度一致,均以日照时数 9 h 对应的值为峰值向两端依次递减;而平均面积和最大面积(图 6.8b、c)并无此种特征,其在 0~13 h 的日照时数范围内没有明显的峰值,但日照时数在 3~11 h 或者 4~11 h 时,平均面积和最大面积都明显较大。同时,3 类面积与发生频次还有 2 个相似的特征,其一是在整个日照时数区间上,累计面积、平均面积和最大面积均有出现,而且后两者更为明显,这说明在不同的光照时间条件下都能监测到蓝藻水华出现;其二是当日日照时数不足 2 h,蓝藻水华的累计面积、平均面积和最大面积都明显小于均值,而当日日照时数超过 10 h,三者又均呈明显的减小趋势,这意味着光照时数不足或者光照时数过多可能都会在一定程度上不利于蓝藻的增长繁殖,进而导致蓝藻水华的发生频数下降和面积减小。殷燕等(2012)的室内试验结果也

指出了这一特征,即藻类的生长需要一个适宜的光照条件,光能不足或者光能过饱和都会不利于藻类进行光合作用,从而引发藻类的生物量降低。

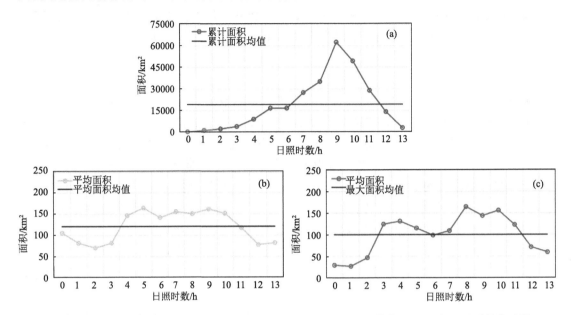

图 6.8 2003—2022 年太湖蓝藻水华累计面积(a)、平均面积(b)和最大面积(c)与日照时数关系图

在月时间尺度上,2003—2022 年太湖蓝藻水华多年平均的各月累计发生频次和累计面积与累计日照时数在不同的月份也有不同的分布特征。如图 6.9 所示,5—10 月是蓝藻水华集中发生的时段,其对应的月累计发生频次都在 180 次以上、月累计面积几乎都在 20000 km² 以上,同时月累计日照时数也都相对较多。但 6 月份是该时段内(5—11 月)的一个低值区,对应的日照时数和蓝藻水华面积、频次均明显少于其他月份。这主要是由于 6 月中下旬起太湖流域进入江淮梅雨期,这一时期也是太湖流域降水最集中的时期之一,持续大量的降水和短时强降水都会不利于蓝藻水华的聚集,同时阴雨天卫星有效观测次数减少,也会影响到蓝藻水华的频次和面积。同时还可以发现,1—3 月蓝藻水华发生的频次和面积都处于很低的水平,但相应的月累计日照时数依然较多,都在 110 h 以上;12 月的日照时数高于 11 月,但后者对应的蓝藻水华发生频次和面积却明显多于前者,这充分说明了蓝藻水华的发生和暴发是受到多种气象要素的综合作用,若其他气象条件不满足,即使光照条件达到要求,但仍然可能观测不到蓝藻水华。

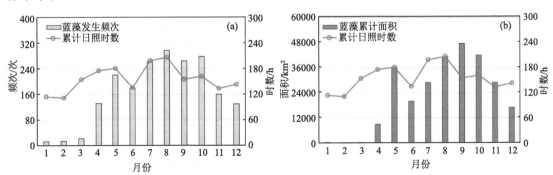

图 6.9 2003—2022 年各月太湖蓝藻水华发生频次(a)、面积(b)与累计日照时数关系图

总的说来,光照是蓝藻光合作用必不可少的条件,充足的日照为蓝藻的快速增殖提供了有利条件,是蓝藻水华发生和大面积暴发的重要条件。但长时间日照并非太湖蓝藻水华出现的必要条件,即使在阴雨天气条件下也时常会观测到蓝藻水华。

6.3　相对湿度对太湖蓝藻水华的影响分析

6.3.1　相对湿度对蓝藻的影响

较高的相对湿度是藻类和高等植物生长繁殖的重要气象条件。对水中藻类来说,相对湿度的增大会抑制水面的蒸发、散热,有利于水温升高,进而为藻类生长提供适宜的温度环境,有利于叶绿素 a 浓度的增加;而相对湿度过低,则会限制光合潜力的发挥,导致最大光合作用被抑制,从而不利于藻类的生长(张晓忆 等,2016)。然而目前在学术界,相对湿度与蓝藻发生和暴发之间的关系尚未形成统一的观点,其中郑庆峰等(2008)分析了太湖蓝藻暴发的气象条件,指出相对湿度与蓝藻暴发的关系不明显;黄炜等(2012)利用蓝藻水华环境影响因子识别模型分析了蓝藻水华是否发生的气象条件,认为相对湿度与蓝藻水华的出现呈负相关关系。而张晓忆等(2016)的研究却得出了相对湿度与蓝藻水华呈正相关关系的结论,即当相对湿度超过单个区间划分阈值时,蓝藻水华出现的概率会上升。

实际上,相比气温、日照、降水和风速风向等气象条件来说,相对湿度与蓝藻的关系研究并不多,且大多数的结论均基于数据统计得出,并无进一步的深入分析。此外,相对湿度与蓝藻水华的关系还受到其他气象要素的影响,例如,降水会导致相对湿度增高,而降水往往不利于蓝藻水华的发生聚集,因此相对湿度和蓝藻水华可能为负相关;同样,日照时数增加,使得水体接收的太阳辐射增加,水面蒸发增大、相对湿度增高,而适宜的日照本身会使蓝藻光合作用增强、蓝藻水华发生的概率提高,所以相对湿度和蓝藻水华可能为正相关。由上可知,相对湿度与蓝藻之间的关系并不明确,有待后续的研究予以进一步的证实。

6.3.2　相对湿度对太湖蓝藻水华的影响

利用长时间序列的卫星监测数据,对 2003—2022 年太湖蓝藻水华的发生频率与当日相对湿度之间的统计关系进行了分析。如图 6.10 所示,可以发现在蓝藻水华出现(面积＞0 km²)的当日,对应的相对湿度大多数都集中在 60%～80%,为 1407 个(发生频率为 71.3%),其中尤以 70%～80% 的相对湿度对应的蓝藻水华发生频率最高,而当相对湿度不足 50% 时,蓝藻水华几乎很少出现,对应的蓝藻发生频率不足 4%;除此之外,在 30%～80% 的相对湿度范围内,蓝藻水华的发生频率随着相对湿度的增大而增加,呈明显的正相关关系,但当相对湿度进一步增大,对应的蓝藻水华发生频率便开始迅速减小。由此可见,适宜湿润的环境有利于蓝藻水华的发生。

根据蓝藻水华面积相对整个太湖湖面面积的大小,将蓝藻数据集又分成了 4 类,即蓝藻水华面积≥5% 太湖面积(117 km²)的样本,共计 743 个;蓝藻水华面积≥10% 太湖面积(234 km²)的样本,共计 368 个;蓝藻水华面积≥15% 太湖面积(351 km²)的样本,共计 203 个;蓝藻水华面积≥20% 太湖面积(468 km²)的样本,共计 113 个。在这总共 4 类不同面积等

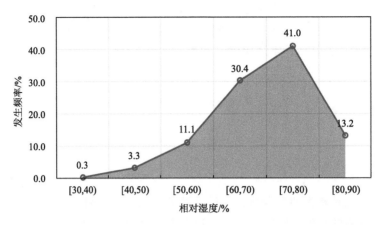

图 6.10　2003—2022 年太湖蓝藻水华发生频率与当日相对湿度分布图

级的样本数据集中,分别计算各自在不同相对湿度范围内的样本发生频率,如图 6.11 所示,可以发现不论蓝藻水华面积的大小,其随相对湿度的整体变化特征都是一致的。但值得注意的是,对某些单个的相对湿度区间来说,不同面积等级的蓝藻水华样本却有着不同的分布特征。例如,当相对湿度为 60%～70% 或者 50%～60% 时,蓝藻水华面积的等级越大,该类面积等级中的蓝藻样本占比就越小,而当相对湿度为 70%～80% 时,则是蓝藻水华面积的等级越大,该类面积等级中的蓝藻样本占比就越大。这意味着蓝藻水华的大面积聚集需要足够的相对湿度,当相对湿度低于某个阈值时(如 70%),蓝藻水华的大面积聚集可能会受到限制。因此,较高相对湿度可能有利于蓝藻水华的发生和大面积暴发。

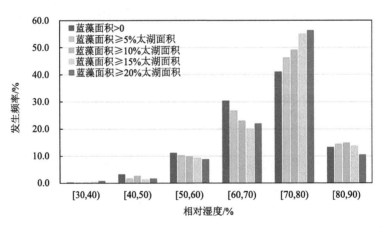

图 6.11　2003—2022 年不同面积等级下太湖蓝藻水华发生频率与当日相对湿度分布图

6.4　小结

①　长期(年、季、月尺度)降水的作用主要体现了对营养盐浓度的调节作用。长期降水量偏少会导致湖泊水位下降,蓄水量减小,营养盐浓度上升,有利于蓝藻生长和水华形成;反之,长期持续大量的降水可能将土壤或大气中更多的营养盐带入湖中,尽管当年由于蓄水量增加,

营养盐浓度不一定会上升,但此后如遇降水减少等适宜环境条件,营养盐浓度则会升高,从而引发大面积蓝藻水华。

② 短期(日尺度)降水的作用主要体现了强降水的冲刷稀释作用和弱降水的扰动。近 20 年的观测数据表明,在太湖蓝藻发生前 24 h 有降水记录的情况下,小雨对应的蓝藻水华样本占比高达 88.2%,中雨和大雨则仅有 9.5% 和 2.3%,表明小雨通过增加扰动释放营养盐和促进蓝藻上浮聚集形成水华,而强降水则通过对蓝藻的冲刷稀释作用抑制了水华形成。

③ 蓝藻对光照环境的适应范围很广,但适宜的光照条件有利于蓝藻的生长繁殖,而光照不足或光照过多均不利于蓝藻的光合作用;近 20 年的观测数据表明,适宜太湖蓝藻水华发生的日照时数为 5~12 h,累计占比达 90%,其中日日照时数为 9 h 占比最大,为 20%。

④ 有关相对湿度对蓝藻影响的研究较少,且目前尚未形成统一的结论,而基于近 20 年的观测数据表明,相对湿度过低或过高均不利于太湖蓝藻的发生,最适宜太湖蓝藻出现的相对湿度在 60%~80%,对应的累计占比约为 71%,此外,较高的相对湿度可能更有利于大面积蓝藻水华的发生。

第7章 太湖蓝藻水华气象影响定量评估

气候变化和水质富营养化被认为是近几十年来太湖蓝藻水华增多趋重的 2 个重要原因，而太湖底泥中的内源营养盐足以支撑蓝藻的生长，营养盐条件已经不是太湖蓝藻生长的限制因子，气象条件可能成为其主要限制因子。研究已经证实了气温、风、光照、降水等气象因子都会对太湖蓝藻的生长和水华的形成产生重要的影响，而不同的气象因子及其在蓝藻生长和水华形成的不同阶段所起的作用也明显不同。综合考虑并定量评估各气象因子的影响，有助于更好地理解环境因子，尤其是气象因子在蓝藻生长和水华形成机理中所起的作用，从而为太湖蓝藻水华的监测、预测预警和精细化防控提供理论依据。本章节主要介绍蓝藻水华的气象影响定量评估技术和方法。

7.1 太湖蓝藻水华影响程度指数构建

7.1.1 常用的蓝藻水华影响程度因子

对蓝藻水华发生程度进行表征和分级，是开展水环境管理和污染防治的有效手段。与蓝藻水华类似的赤潮，其评价体系较早建立，通常采用赤潮面积、中毒人数和经济损失 3 个指标来划分（赵玲 等，2003）。与赤潮灾害相比，蓝藻水华暴发时，对人类直接影响是蓝藻水华堆积腐烂形成异味，严重时可能导致湖区水厂停水，造成饮用水源危机，而在其他情况下，蓝藻水华暴发的直接影响是湖泊水环境和水生态恶化。目前对蓝藻水华的研究多集中于其发生机理或风险区划评估，研究其灾害影响程度的案例并不多见。刘聚涛等（2010）借鉴赤潮灾害评价指标，采取蓝藻水华面积和叶绿素 a 浓度作为灾害程度分级评价指标，应用层次分析法确定权重，结合隶属度函数，采用模糊综合评价建立太湖蓝藻水华灾度分级评价方法，定量描述蓝藻水华灾害影响程度。李颖等（2014）利用单位水样中藻类数量（藻密度）对蓝藻水华程度进行了分级，并用连续多年的滇池和昆明松华水库藻类监测数据进行验证，其结果与《地表水环境质量标准》（GB 3838—2002）中的分级结果基本共通。由此可见，选择表征蓝藻水华影响程度的因子，主要还是从蓝藻水华发生面积、站点实测的藻密度或叶绿素 a 浓度等方面，并没有形成一个统一的、客观的指标，且实测站点的数据也存在诸多的局限性，如数据的不连续，数据不易获取或且经常缺失等。因此，这里主要选用蓝藻水华卫星遥感监测信息（面积和次数）来表征蓝藻水华影响程度。

7.1.2　蓝藻水华影响程度指数构建方法

卫星遥感蓝藻水华的面积表征了蓝藻水华影响的范围,而次数多少则可以表示蓝藻水华聚集的频繁程度,仅用面积或次数(如次数很少的大面积蓝藻水华和次数较多的小面积蓝藻水华)都不能全面、客观地反映蓝藻水华的影响程度,为此将面积和次数综合考虑,设计了蓝藻水华影响程度指数(Influence degree index of cyanobacteria bloom,用 I_{dcb} 表示,简称为蓝藻指数):

$$I_{dcb} = A \times \sum_{i=1}^{n} \frac{S_i}{S} \times 100\% + B \times \sum_{i=1}^{n} \frac{F_i}{F} \times 100\% \tag{7.1}$$

式中,S_i 代表蓝藻水华的面积;F_i 代表蓝藻水华的次数;S 代表太湖水体的总面积;F 代表蓝藻水华累计总次数;A、B 为权重系数。

采用一种客观的信息量权数法(曾宪报,1998)来确定式(7.1)中的权重系数 A 和 B,这种方法主要根据各评价指标包含的分辨信息来确定权重系数,具体算法如下:

首先分别计算出蓝藻水华面积序列和蓝藻水华次数序列的变异系数 CV_s 和 CV_F,然后将 CV_s 和 CV_F 作为面积和次数的权重得分,经归一化处理,即可得到信息量权重系数 A、B:

$$A = \frac{CV_s}{CV_s + CV_f}, B = \frac{CV_f}{CV_s + CV_f}, \left(CV_s = \frac{s_{sd}}{\bar{s}}, CV_f = \frac{f_{sd}}{\bar{f}}\right) \tag{7.2}$$

式中,s_{sd} 代表蓝藻面积的标准差;$\bar{s}$ 代表蓝藻面积的平均值;f_{sd} 代表蓝藻次数的标准差;$\bar{f}$ 代表蓝藻次数的平均值。

7.1.3　蓝藻水华影响程度指数结果

基于遥感反演技术和人工修正,选用 2004—2018 年 EOS 卫星的 MODIS 传感器和 FY-3 卫星的 MERSI 传感器观测的影像数据,空间分辨率均为 250 m,共得到 1370 幅蓝藻水华面积 $\geqslant 1$ km^2 的卫星遥感影像,并提取面积和次数等定量信息。公式(7.1)中 $\frac{S_i}{S}$ 项中 S_i 即为表 7.1 中历年的蓝藻水华面积,S 为太湖水体面积(常数:2445 km^2),$\frac{F_i}{F}$ 项中 F_i 为表 7.1 中历年的蓝藻水华次数,分母为历年累计次数总和,A、B 权重系数根据公式(7.2)计算后,分别为 0.65、0.35,由此计算得到 2005—2017 年 I_{dcb} 值(表 7.1)。可以看出,2007 年的蓝藻指数值最大为 0.759,其次为 2017 年(0.709),相对应的蓝藻水华面积分别为 30337 km^2 和 25273 km^2,远远大于其余年份;2009 年的蓝藻指数仅为 0.113,是 2005 年以来最小值,相应的蓝藻水华面积为 8290 km^2,也为 2005 年以来最小,且明显小于其余年份,表明蓝藻指数 I_{dcb} 与蓝藻水华程度的匹配较为一致,与实际情况基本相符。

表 7.1　2005—2017 年太湖蓝藻水华面积和次数统计

年	2004	2005	2006	2007	2008	2009	2010	2011	2012 年	2013	2014	2015	2016	2017	2018
面积/km^2	5620	11762	17608	30337	14500	8290	15072	10795	10093	9875	9925	12843	13863	25273	14726
次数	45	52	55	81	80	82	85	84	91	117	100	104	115	145	134
I_{dcb}	0.057	0.162	0.415	0.759	0.186	0.113	0.307	0.171	0.210	0.266	0.189	0.281	0.324	0.709	0.503

7.2 太湖蓝藻水华气象影响因子初步筛选

环境污染及由此引起的富营养化是中国淡水湖泊当前面临的主要问题和挑战(Liu et al.,2012)。富营养化的直接后果之一是蓝藻的大量繁殖和水华频繁出现。太湖的水质富营养化始于 20 世纪 80 年代,2000 年后呈加重趋势,蓝藻水华随之趋重(朱广伟,2008;张民 等,2019),至 2007 年引发饮用水危机(Qin et al.,2010)。治污力度的持续加大(孟伟,2017),使得营养盐浓度总体上也持续下降,但富营养化状况并未根本改变,蓝藻水华面积下降趋势不明显(戴秀丽 等,2016;朱广伟 等,2018),表明虽然有关蓝藻水华发生机理的研究较多,但有些影响因素与蓝藻水华之间的相互作用机制尚未十分明确(Rigosi et al.,2014),从而影响了蓝藻水华的预测,尤其是中长期预测的准确率。在营养盐浓度充足的情况下,其他环境因子的影响已越来越受到关注,其中气象条件可能是主要的限制因子(张民 等,2019;赵巧华 等,2018),其影响甚至可能超过营养盐(Jessica et al.,2018)。气象因子对蓝藻水华的影响十分重要且较为复杂。其中,气温在蓝藻的休眠、复苏和增长等不同阶段所起的作用都较大(Thomas et al.,2016;谢小萍 等,2016),但蓝藻复苏后气温就不再是主要影响因子,且高温有一定的抑制作用(李亚春 等,2016a;Sheng et al.,2017);微风条件有利于蓝藻水华形成(Wu et al.,2015),风向则主要影响蓝藻水华的移动方向和空间分布格局(李亚春 等,2016b);光照对于藻类水华也必不可少,但日照时间仅是湖泊表层蓝藻水华形成的一个非必要条件(Zhou et al.,2016;巫娟 等,2012);持续性或大量降水会对藻密度产生稀释作用,不利于形成蓝藻水华(刘心愿 等,2018),但另一方面降水可能将较多的营养盐带到湖水中(SIMIć et al.,2017)。

根据上述分析,影响太湖蓝藻生长和水华形成的气象因子主要包括了气温、降水、风速风向和日照等,我们在选择可能具有影响的气象因子时,既要考虑年尺度的统计平均值,如年平均气温、年降水量、年高温日数(日最高气温≥35 ℃的天数)、年日照时数和年平均风速等年尺度因子,同时也要考虑在蓝藻生长和水华形成主要阶段的一些影响因子,如冬、春季节气温对藻类越冬、复苏和微囊藻确立优势会有明显影响,而梅雨期雨量多少决定了夏季降水量,持续大量的降水一方面在短期内会增加蓄水提高水位,另一方面也会输入较多的营养盐,如月平均气温、月降水量、月平均风速、月日照时数等阶段性气象因子,因此,这里初步选择了气温、降水、风速和日照 4 类年尺度和月尺度,共计 82 个影响蓝藻水华的气象因子。

7.3 太湖蓝藻水华气象影响定量评估模型构建

这里主要介绍两种蓝藻水华气象影响定量评估模型的构建方法,一是基于传统的统计方法——通径分析法,二是基于机器学习——随机森林算法,并对两种方法构建的模型进行精度验证,这两种方法各有优势,也都取得了较好的效果。研究结果有助于更好地理解环境因子,尤其是气象因子在蓝藻生长和水华形成机制中所起的作用,从而为太湖蓝藻水华的监测、预测预警和精细化防控提供理论依据。

7.3.1　基于通径分析方法的蓝藻水华气象影响定量评估模型

1. 通径分析方法与原理

考虑到气象条件对蓝藻生长和水华形成的影响是综合的、复杂的,且各气象因子的作用也并非等权,为此采用通径分析方法来分析主要气象因子对蓝藻水华的影响程度。通径分析(Path coefficient)最早是由数量遗传学家休厄尔赖特(Sewall Wright)在 1921 年提出来的一种多元统计技术(宋小园 等,2016),是简单相关分析的延续,其核心思想是在多元回归的基础上将相关系数加以分解,通过直接通径和间接通径系数分别表示某一变量对因变量的直接效应,以及通过其他变量对因变量的间接效应来反映自变量与因变量之间的关系。

对于有一个因变量 y 与 n 个自变量 $x_i(i=1,2,\cdots,n)$ 的系统,它们之间存在线性关系,回归方程为:

$$y=a_0+a_1x_1+a_2x_2+\cdots+a_nx_n \tag{7.3}$$

将实际观测值代入(7.3)式,利用最小二乘法解方程组,因此式(7.3)通过数学变换,可以建立正规矩阵方程:

$$\begin{bmatrix} 1 & r_{x_1x_2} & \cdots & r_{x_ix_n} \\ r_{x_2x_1} & 1 & \cdots & r_{x_2x_n} \\ \vdots & \vdots & \ddots & \cdots \\ r_{x_nx_1} & r_{x_nx_2} & \cdots & 1 \end{bmatrix} \begin{bmatrix} P_{yx_1} \\ P_{yx_2} \\ \vdots \\ P_{yx_n} \end{bmatrix} \begin{bmatrix} r_{x_1y} \\ r_{x_2y} \\ \vdots \\ r_{x_ny} \end{bmatrix} \tag{7.4}$$

式中,$r_{x_ix_j}$ 为 x_i 和 x_j 的简单相关系数,r_{x_iy} 为 x_i 和 y 的简单相关系数。

将方程(7.4)求解即可求得通径系数 P_{yx_i}:

$$P_{yx_i}=a_i\frac{\sigma_{x_i}}{\sigma_y} \ ,(i=1,2,\cdots,n) \tag{7.5}$$

式中,a_i 即为 y 对 x_i 的偏回归系数,σ_{x_i}、σ_y 分别为 x_i、y 的标准差,P_{yx_i} 表示 x_i 对 y 的直接通径系数,而 x_i 通过 x_j 对 y 的间接通径系数用 $R_{x_ix_j}P_{yx_i}$ 表示,x_i 对 y 的决定系数 $D^2_{(i)}=P^2_{yx_i}+2\sum\limits_{i\neq j}P_{yx_i}r_{x_ix_j}P_{yx_j}$,剩余项的通径系数 $P_{ye}=\sqrt{1-(r_{x_1y}P_{yx_1}+r_{x_2y}P_{yx_2}+\cdots+r_{x_ny}P_{yx_n})}$,若 P_{ye} 值较大,则表明误差较大或者还有另外更重要的原因未考虑在内。

2. 评估模型构建的方法

基于气象观测资料,分别统计并整理出 2005—2017 年 n 个气象因子作为自变量分别用 $x_1,x_2,\cdots,x_n$ 表示,蓝藻指数作为因变量用 y 表示。

根据通径分析原理和方法,首先求出各因子的直接通径系数和间接通径系数,然后再计算出各因子总的通径系数,通过总系数便可求得各气象因子对蓝藻发生程度的影响权重($C_i,i=1,2,\cdots,n$),其计算方法如下:

$$C_i=\frac{|P_{yx_i}+r_{x_ix_j}P_{yx_i}|}{\sum\limits_{i=1}^{n}|P_{yx_i}+r_{x_ix_j}P_{yx_i}|} \tag{7.6}$$

根据计算得到的权重系数,并将气象因子进行归一化处理,建立太湖蓝藻水华气象评估模型(Meterological evaluation model of Cyanobacterial Bloom,简称 MMCB),用 I_{mcb} 表示蓝藻水华气象评估指标,则:

$$I_{mcb}=C_1\frac{x_1-\min_{x_1}}{\max_{x_1}-\min_{x_1}}+C_2\frac{x_2-\min_{x_2}}{\max_{x_2}-\min_{x_2}}+\cdots+C_n\frac{x_n-\min_{x_n}}{\max_{x_n}-\min_{x_n}} \tag{7.7}$$

3. 确定主导的气象因子

首先将初步筛选的 82 个气象因子和蓝藻影响程度指数进行 Kolmogorov-Smirnov(K-S) 检验,结果 Z 值和 P 值均在满足正态分布条件范围之内,表明通径分析法适用于该组变量,然后将这 82 个气象因子作为自变量,蓝藻影响程度指数作为因变量进行多元回归,得到一组自变量的偏回归系数。由于直接通径系数即为标准化的偏回归系数,因此偏回归系数值的正负与直接通径系数值的正负一致,通过偏回归系数的正负情况即可了解直接通径系数的正负情况,由此判断各气象因子对蓝藻水华影响的正负效应,考察每个气象因子的正负效应是否与已有研究结果或实际情况相符,最终选取了年平均气温 T_y、1—3 月平均气温 T_{1-3}、年累计降水量 R_y、6—7 月累计降水量 R_{6-7}、年平均高温日数 D_{Tmax} 5 个气象因子纳入模型的构建。分别统计计算上述 5 个气象因子作为自变量列于表 7.2,而因变量即为表 7.1 中的 I_{dcb}。

表 7.2　2005—2017 年历年气象因子统计

时间	T_y/℃	T_{1-3}/℃	R_y/mm	R_{6-7}/mm	D_{Tmax}/d
2005 年	16.9	5.2	1006.2	194.9	20.8
2006 年	17.6	7.3	1088.5	324.0	24.2
2007 年	17.8	8.4	1152.2	295.6	21.8
2008 年	16.8	5.8	1236.3	438.6	17.2
2009 年	17.0	7.1	1301.5	392.9	18.8
2010 年	16.7	6.6	1115.6	299.8	25.8
2011 年	16.6	5.0	1061.2	510.7	19.2
2012 年	16.6	5.7	1347.2	263.6	20.2
2013 年	17.3	6.9	1120.8	259.5	47.8
2014 年	16.9	7.9	1305.0	401.8	7.8
2015 年	16.9	7.6	1575.8	546.4	12.0
2016 年	17.4	7.3	1902.4	623.8	28.2
2017 年	17.6	7.8	1240.7	284.5	32.6

4. 评估构建模型

用 T_y、T_{1-3}、R_y、R_{6-7} 和 D_{Tmax} 分别对应自变量 $x_1,x_2,\cdots,x_5$,与蓝藻指数(y)建立回归方程:$y=-5.6021+0.3428x_1+0.0346x_2-0.0001x_3-0.0002x_4-0.0011x_5$。为了得到公式(7.4)中 $r_{x_ix_j}$ 和 r_{x_iy} 项,将 5 个气象因子相互作皮尔逊相关分析,分别得到 25 组相关系数列于表 7.3,然后将回归方程中的偏回归系数和表 7.3 中相关系数代入方程(7.4)和方程(7.5),解方程可求解出直接通径系数,最后再计算出间接通径系数,具体结果见表 7.4。

表 7.3 各因子间相关系数统计

相关系数	T_y	T_{1-3}	R_y	R_{6-7}	D_{Tmax}
T_y	1	0.714	0.758	-0.131	0.435
T_{1-3}	0.714	1	0.337	0.097	0.041
R_y	0.076	0.337	1	0.724	-0.135
R_{6-7}	-0.131	0.097	0.724	1	-0.341
D_{Tmax}	0.435	0.041	-0.135	-0.341	1

表 7.4 各因子通径系数

	间接通径系数					直接通径系数	总系数
	T_y	T_{1-3}	R_y	R_{6-7}	D_{Tmax}		
T_y		0.4918	0.0522	-0.0903	0.2995	0.6888	1.4420
T_{1-3}	0.1316		0.0621	0.0178	0.0076	0.1843	0.4034
R_y	-0.0061	-0.0269		-0.0579	0.0108	-0.0800	-0.1601
R_{6-7}	0.0144	-0.0106	-0.0793		0.0374	-0.1096	-0.1478
D_{Tmax}	-0.0238	-0.0023	0.00074	0.0187		-0.0548	-0.0548

直接通径系数代表自变量对因变量的直接影响程度,而间接通径系数代表自变量1通过自变量2对因变量的间接影响程度。从直接通径系数来看,年平均气温项和1—3月平均气温项为正值,其余项均为负值,表明年平均气温和1—3月气温对蓝藻水华的发生发展具有正效应,而年累计降水量、6—7月累计降水量和年平均高温日数对蓝藻水华的发生发展具有负效应,这与李亚春等(2016a)等研究结果较为一致;从间接通径系数来看,除了年平均气温通过1—3月平均气温和年平均高温日数来影响蓝藻水华的间接通径系数较高外,其余间接通径系数均很小,可以忽略不计。为得到更精确的结果,将间接通径系数和直接通径系数求和计算出总的通径系数。从总通径系数值的绝对大小来看,对蓝藻水华影响程度的大小排序为:平均气温 T_y＞1—3月平均气温 T_{1-3}＞年累计降水量 R_y＞6—7月累计降水量 R_{6-7}＞年平均高温日数 D_{Tmax},剩余项的通径系数 P_{ye} 为 0.301,表明分析误差较小,方法可行,结果合理。总通径系数值可以理解为气象因子对蓝藻水华发生发展程度的影响权重,由此可以看到,年平均气温对蓝藻水华发生发展程度的影响最大,而年高温日数对蓝藻水华的影响程度最低。从最近几年的情况看,2007 年和 2017 年年平均气温分别为 17.8 ℃ 和 17.6℃,分别为 2005 年以来历史最高和次高,而这两年太湖蓝藻水华的程度也明显偏重;2013 年全年高温日数平均为 47.8 d,远高于其余年份,为 2005—2017 年中最多的一年,其中夏季持续高温,太湖地区高温及高温日数创 2005 年以来的极大值,但这一年的蓝藻水华程度却较轻。表明上述气象因子影响的权重与事实基本相符,根据公式(7.6)计算出各因子对蓝藻水华的影响权重 C_i,分别为 0.653、0.183、0.072、0.067、0.025,从左到右依次为年平均气温、1—3月平均气温、年降水量、6—7月降水量、全年高温日数;考虑气象因子的正负效应,将 C_i 值代入公式(7.7)得到太湖蓝藻水华气象评估模型:

$$I_{mcb} = 0.653 \times \frac{x_1 - \min_{x_1}}{\max_{x_1} - \min_{x_1}} + 0.183 \frac{x_2 - \min_{x_2}}{\max_{x_2} - \min_{x_2}} - 0.072 \times \frac{x_3 - \min_{x_3}}{\max_{x_3} - \min_{x_3}}$$

$$- 0.067 \times \frac{x_4 - \min_{x_4}}{\max_{x_4} - \min_{x_4}} - 0.025 \times \frac{x_5 - \min_{x_5}}{\max_{x_5} - \min_{x_5}} \tag{7.8}$$

根据公式（7.8）可以计算出 2005—2017 历年的综合气象指数，分别为 0.195、0.658、0.824、0.111、0.289、0.130、−0.033、0.01、0.465、0.282、0.210、0.407、0.668。将综合气象指数跟蓝藻指数进行皮尔逊相关分析，相关系数为 0.826，通过了 0.001 显著性检验。图 7.1 为根据模型计算得到的综合气象指数与蓝藻指数的拟合曲线，由图可以看出，气象指数和蓝藻指数的变化趋势基本一致，仅 2009 年、2010 年和 2015 年有些小的偏差，分析其原因，可能蓝藻水华的发生发展并非全部由气象因子来主导，其他因子如水文、水质参数等也会影响蓝藻水华，营养盐的累积也会对蓝藻生物量的累积产生作用等，因而导致出现了一些偏差，尚需要进一步研究这些因素的综合影响。注意到 2011 年虽然也监测到有蓝藻水华，但气象指数却是负值−0.033，这可能跟我们选取的 2005—2017 年的资料序列都有蓝藻水华有关，相对而言这一年的气象条件比较不适宜蓝藻水华的形成。

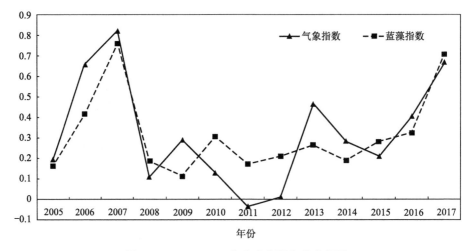

图 7.1 2005—2017 年气象指数和蓝藻指数

5. 等级划分及模型检验

根据世界气象组织（WMO）推荐的百分位数法（杭鑫 等，2019a）确定气象指数和蓝藻指数的等级阈值，将 2005—2017 年的气象指数和蓝藻指数分别以百分位法计算 25%、75% 对应的百分位数，结果气象指数的百分位为 0.110、0.465，蓝藻指数的百分位数为 0.175、0.324，分别以此临界值划分气象等级和蓝藻等级。气象等级由低到高分为基本适宜、比较适宜、非常适宜，蓝藻等级由低到高分为轻度、中度和重度，即气象指数≤0.110 为基本适宜，0.110<气象指数≤0.465 为比较适宜，气象指数>0.465 为非常适宜；蓝藻指数≤0.175 为轻度，0.175<蓝藻指数≤0.324 为中度，蓝藻指数>0.324 为重度，分级结果见表 7.5。蓝藻指数呈重度的分别为 2006 年、2007 年和 2017 年共 3 个年份，与之相对应的气象指数均为非常适宜，结果完全一致；蓝藻指数为中度的分别为 2005 年、2008 年、2010 年和 2012—2016 年共 8 个年份，与之相对应的气象指数仅 2012 年偏小一个等级，其余 7 年均为比较适宜，与蓝藻指数等级相符；蓝藻指数为轻度的分别为 2009 年和 2011 年，对应的气象指数分别为 2011 年相符，2009 年偏大了一个等级,气象评估模型分类总精度达到了 84.6%,其中中度以上的精度达 90.9%,表明此模型能够反映综合气象因子与蓝藻水华发生发展程度的关系,对中度以上表现更好。

表 7.5 指数等级划分及模型检验

时间	蓝藻指数	蓝藻等级	气象指数	气象等级	模型检验
2005 年	0.162	中度	0.195	比较适宜	一致
2006 年	0.415	重度	0.658	非常适宜	一致
2007 年	0.759	重度	0.824	非常适宜	一致
2008 年	0.186	中度	0.111	比较适宜	一致
2009 年	0.113	轻度	0.289	比较适宜	偏大一个等级
2010 年	0.307	中度	0.13	比较适宜	一致
2011 年	0.171	轻度	−0.033	基本适宜	一致
2012 年	0.210	中度	0.01	比较适宜	偏小一个等级
2013 年	0.266	中度	0.465	比较适宜	一致
2014 年	0.189	中度	0.282	比较适宜	一致
2015 年	0.281	中度	0.21	比较适宜	一致
2016 年	0.324	中度	0.407	比较适宜	一致
2017 年	0.709	重度	0.668	非常适宜	一致

7.3.2 基于随机森林法的蓝藻水华气象影响定量评估模型

对于太湖这样一个大型的、复杂的生态系统,蓝藻水华也是外界环境因子的综合而复杂的影响结果,观测数据是多维的且可能有缺失,变量之间可能存在非线性的影响关系且影响过程复杂,传统的统计方法在定量反映不同气象因子及在不同阶段对蓝藻水华发生发展的影响程度存在困难,不能很好地描述蓝藻生长水华形成的复杂过程和影响格局,因此,寻找新的度量特征因子重要性的方法显得非常必要。这里介绍了以随机森林(RF)机器学习算法为基本工具,基于 RF 算法的变量重要性度量进行特征重要性排序,分析和评价影响蓝藻水华的主要气象因子的重要性和贡献率,确定太湖蓝藻水华的主导气象因子,在此基础上构建气象影响定量评估模型。

1. 随机森林基本原理

随机森林(RF)是一个集成学习模型,以决策树为基分类器,由多个 Bagging 集成学习技术训练得到的决策树构成,通过单个决策树的输出结果投票决定最终的分类结果。RF 的基本思路和生成步骤:①对于一个原始训练样本集 D,利用 Bootstrap 采样法从中选取 Ntree 个与 D 中样本数量相同的子训练样本集分别为 $D_1,D_2,\cdots,D_n$,分别建立 Ntree 个分类树模型,将未被抽取到的袋外数据作为测试样本;②在每一分类树的每个节点上随机抽取 Mtry 个特征变量(Mtry 须小于原始数据变量个数 P),依据优选法则在 Mtry 个特征变量中选择高分类能力的特征进行节点分裂;③每棵树都不做任何裁剪,最大限度地生长;④形成随机森林,再用随机森林对新数据进行分类,分类结果按树分类器的投票多少而定。参数 Ntree 为森林中树的数目,参数 Mtry 决定在随机森林中决策树的每次分支时所选择的变量个数,Ntree 和 Mtry 是两个非常重要的自定义参数,也是决定随机森林预测能力的两个重要参数。必须进行优化。通常 Ntree 最好设定为 500 或者 1000,Mtry 值要在模型构建过程中通过逐次计算来挑选最优值,在回归模型中一般为变量个数的 1/3。

  2. 变量重要性评估原则

  特征选择的目的是从成百上千个特征变量中选取对最终结果影响较大的数目较少的特征变量,通过特征变量的筛选,可以删除一些和任务无关或者冗余的特征变量,简化的特征数据集也常会得到更精确的模型,增强对特征和特征值的理解。利用随机森林算法本身所具有的变量重要性度量可以对特征重要性进行排序,从而选出重要性靠前的特征。在 RF 模型中变量重要性度量的主要评价指标为精度平均减少值(IncMSE)和节点不纯度减少值(IncNode-Purity)。IncMSE 是指变量随机取值后 RF 模型估算的误差相对于原来误差的升高幅度,Inc-MSE 值越大,说明该变量越重要。IncNodePurity 是指变量对各个决策树节点的影响程度,值越大,说明该变量越重要,反之则相对不重要。这里主要采用 IncNodePurity 作为变量重要性的评价指标。

  3. 特征变量的筛选

  即使同类因子不同时间段的变量对蓝藻水华的作用也不相同,为剔除这些重要性不够的因子变量,将上述初步筛选的 82 个特征气象因子变量,根据变量的重要性排序选取影响蓝藻水华的相对重要的特征变量。

  ① 首先利用不同类型的气象因子特征变量与蓝藻水华综合指数 I_{dcb} 分别构建 RF 模型。每类气象因子重复建模 50 次,计算每个特征变量的节点不纯度减少值的平均值,按照重要性及频次进行分类排序统计,分别得到气温、风速、降水和日照 4 类因子不同时间组合特征变量的重要度评估曲线(图 7.2),将曲线出现拐点前的因子特征变量认为是相对重要的变量,初步筛选出 4 类因子的 18 组特征变量如下:

  气温因子共有 7 组特征变量:T_{01-02}、T_y、T_{01-04}、T_{12-02}、T_{03-05}、T_{12-03}、T_{12-04},分别表示 1—2 月的平均气温、年平均气温、1—4 月的平均气温、12 月至次年 2 月的平均气温、3—5 月的平均气温、12 月至次年 3 月的平均气温和 12 月至次年 4 月的平均气温,单位:℃。

  风速因子共有 2 组特征变量:W_{07}、W_{09},分别表示 7 月和 9 月的平均风速,单位:m·s^{-1}。

  降水因子共有 3 组特征变量:P_{09}、P_{10} 和 P_{04},分别表示 9 月、10 月和 4 月的降水量,单位:mm。

  日照因子共有 5 组特征变量:S_{10}、S_{12}、S_{02}、S_{08}、S_{01},分别表示 10 月、12 月、2 月、8 月和 1 月的日照时数,单位:h。

  高温天数 1 组特征变量:D_{Tmax},表示一年中日最高气温≥35 ℃的总天数,单位:d。

  ② 对筛选后的 4 类气象因子共 18 组特征变量,再次与蓝藻水华综合指数 I_c 样本进行 RF 建模。RF 回归模型中树节点预选的变量个数 M_{try} 一般为变量数的三分之一,因此选取 5、6、7、8 四个数值,对应不同的随机森林中树的个数 N_{tree} 分别进行建模和模型优化,每个参数重复建模 20 次,筛选出验证精度较高的以下 7 个模型:

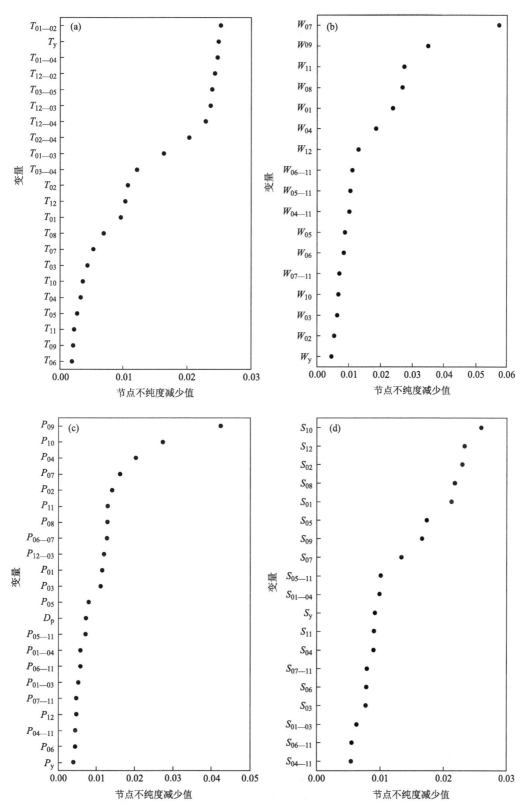

图 7.2　4 类因子不同时间组合特征变量的重要评估曲线

（a）气温变量；（b）风速变量；（c）降水变量；（d）日照时间

表7.6 模型精度

模型序号	模型1	模型2	模型3	模型4	模型5	模型6	模型7
M_{try}	5	6	6	7	7	8	8
N_{tree}	800	650	650	750	500	400	400
模型精度(R)	0.976	0.925	0.977	0.980	0.961	0.979	0.904

针对这筛选出的7种模型(表7.6),根据节点不纯度减少值选择排序占比较重的因子特征变量,重新进行RF模拟筛选特征变量,结果如下:

模型1选择的特征变量有:T_{12-02}、T_{12-03}、T_{12-04}、T_{01-04}、T_y、T_{01-02}、T_{03-05}、P_{09}、W_{07};

模型2选择的特征变量有:T_{12-02}、T_{12-03}、T_{12-04}、T_{01-04}、T_y、T_{01-02}、T_{03-05}、P_{09}、P_{10}、W_{07}、S_{12};

模型3选择的特征变量有:T_{12-02}、T_{12-03}、T_{12-04}、T_{01-04}、T_y、T_{01-02}、T_{03-05}、D_{Tmax}、P_{09}、P_{10}、W_{07}、W_{09};

模型4选择的特征变量有:T_{12-02}、T_{12-03}、T_{12-04}、T_{01-04}、T_y、T_{01-02}、T_{03-05}、D_{Tmax}、P_{09}、P_{10}、W_{07};

模型5选择的特征变量有:T_{12-02}、T_{12-03}、T_{12-04}、T_{01-04}、T_y、T_{01-02}、T_{03-05}、P_{09}、W_{07}、W_{09}、S_{12};

模型6选择的特征变量有:T_{12-02}、T_{12-03}、T_{12-04}、T_{01-04}、T_y、T_{01-02}、T_{03-05}、D_{Tmax}、P_{09}、W_{07};

模型7选择的特征变量有:T_{12-02}、T_{12-03}、T_{12-04}、T_{01-04}、T_y、T_{01-02}、T_{03-05}、P_{09}、P_{10}、W_{07}、S_{01}。

③ 根据重要性度量和频次排序筛选特征变量。针对上述7种模型选择的特征变量,分别采用不同的树节点预选变量个数M_{try}和随机森林中树的个数N_{tree}重新建模,从中各选择20个左右的精度相对较高(相关系数$R > 0.85$)的模型,共生成243组模型。将243组模型中所有变量的节点不纯度减少值进行排序,分别统计不同名次中各特征变量出现的次数,重要性度量排第一的特征变量为在重要性排序中第1位次出现的频次最高的,重要性度量排第2位的特征变量为在重要性排序中第1位、第2位累计出现频次最高的(除第1位),按照上述规则依次统计第3位、第4位特征变量等,计算公式如下:

$$p_{ij} = \sum_{k=1}^{j} a_{ik} \tag{7.9}$$

式中,p_{ij}为第i个特征变量a_i在重要性度量排序第j位的累计频次。将各模型中的特征变量重要性度量排序由高到低分成12个位次,第1位次重要性程度最高,第12位次重要性程度最低,根据式1统计各因子特征变量从第1位至第12位次的累计频次p_{ij}(表7.7),将所有因子特征变量中在各位次中累计频次最高的特征变量作为本位次最重要的特征变量(排除此前已选变量),如在所有的特征变量中,重要性排序第1位次中累计频次最高的变量为T_y,累计频次为148,T_y即被选为重要性排序第1位次中排在最前面的特征变量,也即最重要的特征变量;在重要性排序第2位次中,累计频次排在前两位的分别是T_y的194和T_{03-05}的80,由于T_y已经被选为最重要(排第1位)的变量,因此T_{03-05}被选作重要性度量排在第2位的特征变量,以此类推,得到各因子特征变量的重要性度量排序分别为:T_y、T_{03-05}、T_{12-04}、T_{12-02}、W_{07}、T_{01-02}、T_{01-04}、T_{12-03}、P_{09}、P_{10}、D_{Tmax}、S_{12}。然后在243组模型中进行匹配,将模型中特征变量重要排序与上述变量重要性排序基本一致的模型选为最优模型,考察这一模型中特征变量的重要性度量。

表 7.7　特征变量的重要性排序及累计频次

变量	1	2	3	4	5	6	7	8	9	10	11	12
T_{01-02}	14	38	59	101	130	168	200	227	239	242	243	243
T_{03-05}	28	80	118	155	191	211	226	235	242	243	243	243
T_y	148	194	210	219	227	235	240	243	243	243	243	243
T_{12-04}	13	35	104	130	158	178	204	231	243	243	243	243
T_{12-03}	1	6	17	36	61	97	135	184	231	240	241	243
T_{12-02}	11	32	62	112	148	185	210	233	240	243	243	243
T_{01-04}	4	11	24	37	57	98	141	184	229	240	243	243
W_{07}	11	38	73	101	136	162	195	222	240	242	243	243
W_{09}	0	0	0	0	0	2	2	2	6	35	50	60
S_{01}	0	0	0	1	3	3	4	4	4	7	41	41
S_{12}	0	0	0	0	0	0	0	0	0	21	81	81
P_{09}	13	51	61	77	96	105	127	155	233	241	242	243
P_{10}	0	1	1	3	6	8	8	13	23	108	140	142
D_{Tmax}	0	0	0	0	2	6	9	11	14	62	96	101

4. 特征变量重要性评价

我们将上一步优选出来的模型认为是最符合蓝藻水华综合指数与气象因子关系的随机森林模型,该模型的因子特征变量重要程度用相对重要性度量图表示,同时模型还计算了各因子特征变量对蓝藻水华综合指数的贡献率大小(图 7.3),图 7.4 为归一化处理后的各特征变量的相对重要性度量。从随机森林模型给出的变量重要性估计表明,共有 4 组气温变量的重要度排在前 4 位,分别是 T_y、T_{03-05}、T_{12-04}、T_{12-02},表明影响蓝藻水华综合指数的主导气象因子是气温,其次是风速,W_{07} 重要性度量排名第 5 位,降水因子特征变量 P_{09} 的重要性度量排名第 7,年高温日数 D_{Tmax} 和 P_{10} 的重要性度量排在最后。在气温因子中,重要性最大的特征变量是年平均气温 T_y,其次分别是 3—5 月平均气温 T_{03-05}、12 月至次年 4 月平均气温 T_{12-04}、12 月至次年 2 月平均气温 T_{12-02} 等,表明冬、春季节的平均气温高低对蓝藻水华的影响较大。从图 7.4 还可以看出,前 9 项特征变量重要度对蓝藻水华综合指数的贡献率均超过 5%,累计达到总数的 94.2%,表明这些变量已对蓝藻水华的形成起到决定性的作用,而年高温日数和10 月份降水量的作用几乎可以忽略不计。

5. 随机森林模型模拟验证

将优选 RF 模型模拟值跟蓝藻水华综合指数进行皮尔逊相关分析,拟合优度为 0.91,通过 0.01 显著性检验,表明模拟值跟蓝藻水华综合指数高度相关。图 7.5 为实际蓝藻水华综合指数与模型模拟值的拟合曲线,由图看出,从趋势上看,模型模拟值和实际蓝藻水华综合指数的变化趋势基本吻合,仅 2015 年有偏差,RF 模型模拟效果较好。

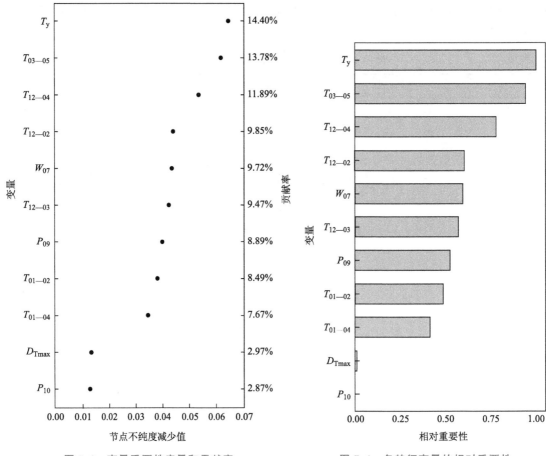

图 7.3 变量重要性度量和贡献率

图 7.4 各特征变量的相对重要性

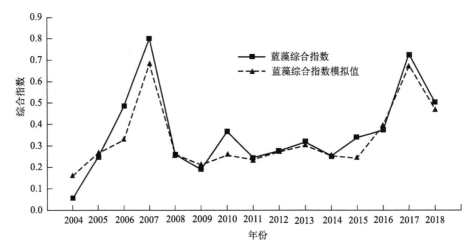

图 7.5 2004—2018 年蓝藻水华综合指数与模型模拟值拟合曲线

根据百分位数法确定蓝藻综合指数和模型模拟的蓝藻水华综合指数等级阈值,将 2004—2018 年的蓝藻水华综合指数和模拟值分别以百分位法计算 30%、70% 对应的百分位数,分别分成 3 个等级,由低到高依次为轻度、中度和重度,结果见表 7.8。蓝藻水华综合指数达重度等级的分别为 2006 年、2007 年、2016 年、2017 年和 2018 年共 5 个年份,模型模拟值均为重度等级,结果完全一致;蓝藻水华综合指数为中度的分别为 2008 年、2010 年和 2012—2015 年共6 个年份,模型模拟值有 5 年相符,仅 2015 年偏小一个等级,原因可能是除气象因子外,其他因子如水文、水质参数也都会对蓝藻水华产生作用。模型模拟总精度达 86.7%,其中中度以上等级的模拟精度达 90.9%,表明此模型能够反映气象因子对蓝藻水华的综合影响,对中、重度蓝藻水华的模拟效果更好。

表 7.8　蓝藻水华综合指数等级划分及模型验证

时间	蓝藻综合指数	蓝藻等级	模拟指数	模拟等级	模型检验
2004 年	0.057	轻度	0.161	轻度	一致
2005 年	0.247	轻度	0.266	中度	偏大一个等级
2006 年	0.486	重度	0.328	重度	一致
2007 年	0.800	重度	0.681	重度	一致
2008 年	0.258	中度	0.254	中度	一致
2009 年	0.188	轻度	0.211	轻度	一致
2010 年	0.370	中度	0.260	中度	一致
2011 年	0.243	轻度	0.230	轻度	一致
2012 年	0.276	中度	0.272	中度	一致
2013 年	0.318	中度	0.301	中度	一致
2014 年	0.252	中度	0.252	中度	一致
2015 年	0.338	中度	0.244	轻度	偏小一个等级
2016 年	0.374	重度	0.394	重度	一致
2017 年	0.724	重度	0.669	重度	一致
2018 年	0.503	重度	0.464	重度	一致

7.4　小结

在太湖水质富营养化没有根本改变的情况下,年际之间的水文气象条件差异成为蓝藻水华暴发强度差异的主控因素,甚至蓝藻水华受水文气象条件的影响可能会超过营养盐的影响。本章节利用卫星遥感监测的太湖蓝藻水华面积和次数等信息构建蓝藻水华综合指数,选取同期光、温、水和风等主要气象要素的观测数据为评价因子,综合考虑这些气象因子,分别利用通径分析法和随机森林机器学习算法两种方法,分析和评价影响蓝藻水华综合指数的主要气象因子的重要性和贡献率,明确了影响蓝藻水华的主导气象因子,在此基础上构建了蓝藻水华气象影响定量评估模型,并定量评估这些气象因子的影响,最后对模型进行了模拟和验证,取得了较好的结果。研究结果可以更好地理解环境因子,尤其是气象因子在蓝藻生长和水华形成机制中所起的作用,此外,利用气象因子的可预测性,还可以解决太湖蓝藻水华难以监测、无法防控的问题,以期为提升蓝藻水华的预测、预警能力提供科技支撑。

参考文献

陈纬栋,王崇,胡晓芳,等,2010. 应用荧光分析技术检测蓝藻生物量[J]. 净水技术,29(6):80-84.

陈云,戴锦芳,2008. 基于遥感数据的太湖蓝藻水华信息识别方法[J]. 湖泊科学,20(2):179-183.

陈中赟,黄玲琳,2014. 降水对太湖蓝藻水华发生的影响//湖泊保护与生态文明建设:第四届中国湖泊论坛论文集[C]. 合肥:中国科学技术协会.

成小英,李世杰,2006. 长江中下游典型湖泊富营养化演变过程及其特征分析[J]. 科学通报,51(7):848-855.

成晔,高尧,田敏,等,2019.1949—2017 年间西北太平洋热带气旋变化特征初探[J]. 海洋湖沼通报(1):31-38.

戴秀丽,钱佩奇,叶凉,等,2016. 太湖水体氮、磷浓度演变趋势(1985—2015 年)[J]. 湖泊科学,28(5):935-943.

窦明,谢平,夏军,等,2002. 汉江水华问题研究[J]. 水科学进展,13(5):557-561.

高静思,朱佳,董文艺,2019. 光照对我国常见藻类的影响机制及其应用[J]. 环境工程,37(5):111-116.

韩秀珍,郑伟,刘诚,等,2013. 湖泊蓝藻水华卫星遥感监测技术导则(QX_T 207-2013).[S]. 北京:气象出版社.

韩秀珍,王峰,单天婵,2019. 风云三号 D 星真彩色影像合成方法研究及应用[J]. 海洋气象报,39(2):13-13.

杭鑫,李心怡,谢小萍,等,2019a. 基于通径分析法的太湖蓝藻水华定量气象评估模型[J]. 湖泊科学,31(2):345-354.

杭鑫,徐敏,谢小萍,等,2019b. 富营养化状态下太湖蓝藻水华气象条件影响的评估[J]. 科学技术与工程,19(7):294-301.

黄炜,赵来军,2012. 蓝藻水华显著影响因子识别模型[J]. 上海理工大学学报,34(5):435-440.

孔繁翔,高光,2005. 大型浅水富营养化湖泊中蓝藻水华形成机理的思考[J],生态学报,25(3):589-595.

孔繁翔,宋立荣,2011. 蓝藻水华形成过程及其环境特征研究[M]. 北京:科学出版社.

李小龙,耿亚红,李夜光,等,2006. 从光合作用特性看铜绿微囊藻(Microcystis aeruginosa)的竞争优势[J]. 武汉植物学研究,24(3):225-230.

李亚春,孙亚丽,谢志清,等,2011. 基于 MODIS 植被指数的太湖蓝藻信息提取方法研究[J]. 气象科学,31(6):5.

李亚春,谢小萍,朱小莉,等,2016a. 结合卫星遥感技术的太湖蓝藻水华形成温度特征分析[J]. 湖泊科学,28(6):1256-1264.

李亚春,谢小萍,杭鑫,等,2016b. 结合卫星遥感技术的太湖蓝藻水华形成风场特征[J]. 中国环境科学,36(2):525-533.

李颖,施择,张榆霞,等,2014. 关于用藻密度对蓝藻水华程度进行分级评价的方法和运用[J]. 环境与可持续发展,39(2):2.

刘聚涛,高俊峰,赵家虎,等,2010. 太湖蓝藻水华灾害程度评价方法[J]. 中国环境科学,30(6):829-832.

刘心愿,宋林旭,纪道斌,等,2018. 降雨对蓝藻水华消退影响及其机制分析[J]. 环境科学,39(2):774-782.

罗晓春,杭鑫,曹云,等,2019. 太湖富营养化条件下影响蓝藻水华的主导气象因子[J]. 湖泊科学,31(5):

  1248-1258.

孟伟,2017. 湖泊"水环境与生态安全"依然任重而道远[J]. 科技导报,35(9):1-1.

施丰华,刘光熙,朱月华,等,2011. 光照对微藻水华的影响[J]. 安徽农业科学,39(16):9801-9803.

宋小园,朱仲元,刘艳伟,等,2016. 通径分析在 SPSS 逐步线性回归中的实现[J]. 干旱区研究,33(1):
  108-113.

孙小静,秦伯强,朱广伟,等,2007. 风浪对太湖水体中胶体态营养盐和浮游植物的影响[J]. 环境科学,3:
  506-511.

谭啸,孔繁翔,于洋,等,2009. 升温过程对藻类复苏和群落演替的影响[J]. 中国环境科学,29(6):578-582.

唐汇娟,谢平,陈非洲,2003. 微囊藻的昼夜垂直变化及其迁移[J]. 中山大学学报(自然科学版),42(S2):
  236-239.

陶益,孔繁翔,曹焕生,等,2005. 太湖底泥水华蓝藻复苏的模拟[J]. 湖泊科学,17(3):231-236.

王成林,潘维玉,韩月琪,等,2010a. 全球气候变化对太湖蓝藻水华发展演变的影响[J]. 中国环境科学,30
  (6):822-828.

王成林,陈黎明,潘维玉,等,2010b. 适宜太湖蓝藻水华形成的风场辐散特征及其形成机制[J]. 中国环境科
  学,30(09):1168-1176.

王成林,黄娟,钱新,2011. 高温微风条件下太湖流域风场时空特征分析[J]. 湖泊科学,23(01):122-128.

王得玉,冯学智,周立国,等,2009. 太湖蓝藻爆发与水温的关系的 MODIS 遥感[J]. 湖泊科学,20(2):
  173-178.

王鹤年,谢志东,钱汉东,2009. 太湖冲击坑溅射物的发现及其意义[J]. 高校地质学报,15(4):437-444.

王铭玮,徐启新,车越,等,2011. 淀山湖蓝藻水华暴发的气象水文因素探讨[J]. 华东师范大学学报(自然科
  学版),1:21-31.

王伟,林均民,金德祥,1998. 藻类的光控发育[J]. 植物学通报,15(3):32-40.

王文兰,曾明剑,任健,2011. 近地面风场变化对太湖蓝藻暴发影响的数值研究[J]. 气象科学,31(06):
  718-725.

巫娟,陈雪初,孔海南,等,2012. 光照度对水华鱼腥藻细胞比重与藻丝长度的影响研究[J]. 中国环境科学,32
  (5):875-879.

吴浩云,2000. 太湖流域典型年梅雨洪涝灾害比较分析[J]. 水文,20(4):54-57.

吴晓东,孔繁翔,2008. 水华期间太湖梅梁湾微囊藻原位生长速率的测定[J]. 中国环境科学,28(6):552-555.

武胜利,刘诚,孙军,等,2009. 卫星遥感太湖蓝藻水华分布及其气象影响要素分析[J]. 气象,35(1):18-23.

夏健,钱培东,朱玮,2007. 2007 年太湖蓝藻水华提前暴发气象成因探讨[J]. 气象科学,29(4):4531-4535.

项瑛,卢鹏,程婷,等,2016. 近 54a 江苏梅雨演变特征及 2014 年梅雨监测分析[J]. 气象科学,36(5):681-688.

谢平,2007. 论蓝藻水华的发生机制——从生物进化、生物地球化学和生态学视点[M]. 北京:科学出版社.

谢平,2008. 太湖蓝藻水华的历史发展与水华灾害[M]. 北京:科学出版社.

谢小萍,李亚春,杭鑫,等,2016. 气温对太湖蓝藻复苏和休眠进程的影响[J]. 湖泊科学,28(4):818-824.

薛坤,马荣华,曹志刚,等,2023. HY-1C/D 卫星 CZI 数据监测湖泊藻华的适用性评价与方法选择[J]. 遥感学
  报,27(1):171-186.

杨晓冬,2011. 浅析荧光法测定蓝藻生物量的可行性[J]. 环境科学导刊,30(5):89-91.

殷燕,张运林,王明珠,等,2012. 光照强度对铜绿微囊藻(Microcystis aeruginosa)和斜生栅藻(Scenedesmus
  obliqnus)生长及吸收特性的影响[J]. 湖泊科学,24(5):755-764.

曾宪报,1998. 统计权数论[D]. 大连:东北财经大学.

张海春,陈雪初,李春杰,2010. 光照度对蓝藻垂直迁移特性影响研究[J]. 环境污染与防治,32(5):64-67.

张恒,曾凡棠,房怀阳,等,2011. 连续降雨对淡水河流域非点源污染的影响[J]. 环境科学学报,31(5):
  927-934.

张民,阳振,史小丽,等,2019. 太湖蓝藻水华的扩张与驱动因素[J]. 湖泊科学,31(2):336-344.

张青田,王新华,林超,等. 2011. 温度和光照对铜绿微囊藻生长的影响[J]. 天津科技大学学报,26(2):24-27.

张晓忆,景元书,陈飞,等,2016. 基于 RDALR 模型分析气象条件对太湖蓝藻水华发生的影响及预报[J]. 环境工程学报,10(10):5721-5729.

赵玲,赵冬至,张昕阳,等,2003. 我国有害赤潮的灾害分级与时空分布[J]. 海洋环境科学,22(5):15-19.

赵巧华,孙国栋,王健健,等,2018. 水温、光能对春季太湖藻类生长的耦合影响[J]. 湖泊科学,30(2):385-393.

郑庆锋,孙国武,李军,等,2008. 影响太湖蓝藻爆发的气象条件分析[J]. 高原气象. 27(S1):218-223.

中国气象局政策法规司,2006. 热带气旋等级标准:GB/T 19201—2006[S]. 北京:中国标准出版社.

朱广伟,2008. 太湖富营养化现状及原因分析[J]. 湖泊科学,20 (1):21-26.

朱广伟,秦伯强,张运林,等,2018. 2005—2017 年北部太湖水体叶绿素 a 和营养盐变化及影响因素[J]. 湖泊科学,30(2):279-295.

朱伟,谈永琴,王若辰,等,2018. 太湖典型区 2010—2017 年间水质变化趋势及异常分析[J]. 湖泊科学,30(2):296-305.

AHENRI RIIHIMKI,M. L. A,,J H A B,2019. Estimating fractional cover of tundra vegetation at multiple scales using unmanned aerial systems and optical satellite data [J]. Remote Sens Environ,224:119-132.

CAO,HUAN SHENG,TAO,et al. ,2008. Relationship between temperature and cyanobacterial recruitment from sediments in laboratory and field studies [J]. Journal of Freshwater Ecology,23(3):405-412.

CHEN Y W,GAO X Y,1998. Study on variations in spatial and temporal distribution of Microcystis in Northwest Taihu Lake and its relations with light and temperature. In:CAI Qiming. Ecology of Taihu Lake [M]. China Meteorological Press:142-148.

CHEN Y,QIN B,K TEUBNER,et al,2003. Long-term dynamics of phytoplankton assemblages:Microcystis-domination in Lake Taihu,a large shallow lake in China [J]. Journal of Plankton Research,25(4):445-453.

CHEN,X R SHANG,S L LEE,et al,2019. High-frequency observation of floating algae from AHI on Himawari-8 [J]. Remote Sens Environ,227:151-161.

CHUANIN,HU,ZHONGPING,et al,2010. Moderate Resolution Imaging Spectroradiometer (MODIS) observations of cyanobacteria blooms in Taihu Lake,China [J]. Journal of Geophysical Research:Oceans,115 (C4):C04002.

DING S,WENG F,2019. Influences of physical processes and parameters on simulations of toa radiance at uv wavelengths:implications for satellite uv instrument validation [J]. Journal of Meteorological Research,33 (2):264-275.

FIELD,CHRISTOPHER B,M J,et al,1998. Primary production of the biosphere:integrating terrestrial and oceanic components [J]. Science,281(5374):237-240.

HANS,PAERL W,1988. Nuisance phytoplankton blooms in coastal,estuarine,and inland waters[J]. Limnology and Oceanography,33(4):823-847.

HAVENS K E,JI G,BEAVER J R,et al,2017. Dynamics of cyanobacteria blooms are linked to the hydrology of shallow Florida lakes and provide insight into possible impacts of climate change [J]. Hydrobiologia,829,43-59.

HENSE I,2007. Regulative feedback mechanisms in cyanobacteria-driven systems:a model study [J]. Marine Ecology Progress Series,339:41-47.

HU C,Z LEE,R MA,et al,2010. Moderate Resolution Imaging Spectroradiometer(MODIS) observations of cyanobacteria blooms in Taihu Lake,China [J]. J Geophys Res,115,C04002.

HUA J B,ZONG Z X,1994. Experimental research on formation of algae bloom in Yanghe reservoir [J]. Acta

Scientiarum Naturalium Universitatis Pekinensis,30 (4):476-484.

HUISMAN J,SHARPIES J,SOMMEIJER B,et al,2004. Changes in turbulent mixing shift competition for light between phytoplankton species [J]. Ecology,85(11):2960-2970.

IBELINGS B W,VONK M,et al,2003. Fuzzy modeling of cyanobacterial surface waterblooms:validation with NOAA-AVHRR satellite images [J]. Ecological Applications,13(5):1456-1472.

JEFF C HO,RICHARD P,THOMAS B,et al,2017. Using Landsat to extend the historical record of lacustrine phytoplankton blooms:A Lake Erie case study [J]. Remote Sensing of Environment,191:273-85.

JESSICA,RICHARDSON,CLAIRRE M,et al,2018. Effects of multiple stressors on cyanobacteria abundance vary with lake type [J]. Glob Change Biol,24:5044-5055.

JOEHNK K D,HUISMAN J E F et al,2008. Summer heatwaves promote blooms of harmful cyanobacteria [J] . Global change biology,14(3):495-512.

KANOSHINA,INGA,U LIPS,et al,2003. The influence of weather conditions (temperature and wind) on cyanobacterial bloom development in the Gulf of Finland (Baltic Sea) [J]. Harmful Algae,2(1):29-41.

LI W,QIN B,2019. Dynamics of spatiotemporal heterogeneity of cyanobacterial blooms in large eutrophic Lake Taihu,China[J]. Hydrobiologia,833,81-93.

LIANG Q,ZHANG Y,MA R,et al,2017. A MODIS—Based Novel Method to Distinguish Surface Cyanobacterial Scums and Aquatic Macrophytes in Lake Taihu [J]. Remote Sensing,9(2):133.

LIU J,YANG W,2012. Water sustainability for China and beyond [J]. Science,337(6095):649-650.

LUO A ,CHEN H ,GAO X,et al,2022. Short-term rainfall limits cyanobacterial bloom formation in a shallow eutrophic subtropical urban reservoir in warm season [J]. Science of the Total Environment. 827:154172.

PEPERZAK L,2003. Climate change and harmful algal blooms in the North Sea[J]. Acta Oecilogica, 24 (suppl. 1):139-144.

PINILLA G A,2006. Vertical distribution of phytoplankton in a clear water lake of Colombian Amazon [J]. Hydrobiologia,568(1):79-90.

QIN B Q, WANG X D, TANG X M, et al, 2007. Drinking Water Crisis Caused by Eutrophication and Cyanobacterial Bloom in Lake Taihu:Cause and Measurement. Advances in Earth Science[J],22(9):896-906.

QIN B,ZHU G,GAO G,et al,2010. A drinking water crisis in Lake Taihu,China:Linkage to climatic variability and lake management [J]. Environmental Management,45(1):105-112.

REYNOLDS C S,ROGERS D A,1976. Seasonal variations in the vertical distribution and buoyancy of Microcystis aeruginosa Ku‥tz,Emend. Elenkin in Rostherne Mere,England [J]. Hydrobiologia,48:17-23.

RIGOSI A,CAREY CC,IBELINGS BW,et al,2014. The interaction between climate warming and eutrophication to promote cyanobacteria is dependent on trophic state and varies among taxa [J]. Limnology Oceanography,59(1):99-114.

ROBARTS RS, ZOHARY T, 1987. Temperature effects on photosynthetic capacity, respiration and growth rates of bloomforming cyanobacteria [J]. New Zealand Journal of Marine and Freshwater Research,21(3): 391-399.

ROUJEAN J L,LEROY M,DESCHAMPS P Y,1992. A bidirectional reflectance model of the Earth's surface for the correction of remote sensing data[J]. Journal of Geophysical Research Atmospheres,97(D18):20455-20468.

SCHMID M,HUNZIKER S,WUEST A,2014. Lake surface temperatures in a changing climate:a global sensitivity analysis [J]. Climatic change,124(1):301-315.

SHENG,TIANTIAN,HUANG,et al,2017. Impact of climate factors on cyanobacterial dynamics and their interactions with water quality in South Taihu Lake,China [J]. Chemistry and Ecology,33(1):76-87.

SIMI Ć, SNEŽANAB, ÐORðEVIĆ, et al, 2017. The relationship between the dominance of Cyanobacteria species and environmental variables in different seasons and after extreme precipitation [J]. Fundamental & Applied Limnology, 190(1):1-11.

TAKEMURA N, IWKUME T, RASUNO M, 1985. Photosynthesis and Primary Production of Microcystus agrugTnosa in Lake Kasumigaura[J]. Journal of Plankton Research, 7(3):303-312.

TANG L, HE M Z, LI X R, 2020. Verification of fractional vegetation coverage and NDVI of desert vegetation via UAVRS technology [J]. Remote Sens, 12:1742.

THOMAS M K, LITCHMAN E, 2016. Effects of temperature and nitrogen availability on the growth of invasive and native cyanobacteria [J]. Hydrobiologia, 763(1):357-369.

THOMAS R H, WALSBY A E, 1985. Buoyancy regulation in a strain of Microcystis [J]. Journal of General Microbiology, 131(4):799-809.

TURNER R E, SCHROEDER W W, WISEMAN W J, 1987. The role of stratification in the deoxygenation of Mobile Bay and adjacent shelf bottom-waters [J]. Estuaries, 10:13-19.

WALLACE B B, BAILEY M C, HAMILTON D P, 2000. Hamilton. Simulation of vertical position of buoyancy regulating microcystis aeruginosa in a shallow eutrophic lake [J]. Aquatic Sciences, 62(4):320-333.

WAN W, LI H, XIE H, et al, 2017. A comprehensive data set of lake surface water temperature over the Tibetan Plateau derived from MODIS LST products 2001—2015 [J]. Scientific Data, 4(1):1-10.

WU T, QIN B, GUANGWEI ZHU, et al, 2013. Dynamics of cyanobacterial bloom formation during short-term hydrodynamic fluctuation in a large shallow, eutrophic, and wind-exposed Lake Taihu, China [J]. Environmental Science and Pollution Research, 20(12):8546-8556.

WU T, QIN B, BROOKES J D, et al, 2015. The influence of changes in wind patterns on the areal extension of surface cyanobacterial blooms in a large shallow lake in China [J]. Science of The Total Environment, 518-519(15):24-30.

ZHANG M, DUAN H T, SHI X L, et al, 2012a. Contributions of meteorology to the phenology of cyanobacterial blooms:implications for future climate change [J]. Water Research, 46 (2):442-452.

ZHANG M, YANG Y, ZHEN Y, et al., 2012b. Photochemical responses of phytoplankton to rapid increasingtemperature processpre [J]. Phycological Research, 60(3):199-207.

ZHANG Y, LOISELLE S, SHI K, et al, 2021. Wind effects for floating algae dynamics in Eutrophic Lakes [J]. Remote Sens, 13(4):800.

ZHOU J, QIN B Q, CASENAVE C, et al, 2015. Effects of wind wave turbulence on the phytoplankton community composition in large, shallow Lake Taihu [J]. Environmental Science and Pollution Research, 22(16):12737-12746.

ZHOU Q, ZHANG Y, LIN D, et al, 2016. The relationships of meteorological factors and nutrient levels with phytoplankton biomass in a shallow eutrophic lake dominated by cyanobacteria, Lake Dianchi from 1991 to 2013[J]. Environmental Science and Pollution Research, (23):15616-15626.